U0539219

廖炯程

菜市場的一年

100種少婦好吃驚的蔬菜採買選購攻略

CONTENTS

目錄

Part 2 瓜果類

Part 3 根莖類

Part 6 菇類

前言

一名優秀市場採買人的誕生

嗨！各位買菜的英雄好漢們，是否曾經站在攤位前，想買一些青菜卻叫不出名字，得用上像出國買東西時才會用到的比手畫腳技能？

晚上想炒個青江菜，當老闆問：「要幾斤？」因為對幾斤幾兩完全沒概念，買了過多的菜量呢？

或是曾經站在一堆高麗菜前，眉頭一皺，心想：「這邊一堆頭尖尖的，前一攤比較圓，要挑哪一邊？要挑比較綠的，還是比較白的？」

「為什麼這攤菜比隔壁貴十塊？差在哪裡？」

沒關係，不是只有你有這樣的體驗。

從小我就在菜市場長大，父母賣菜超過四十年，但和很多傳統市場的家庭一樣，他們覺得這行太辛苦，寧願我去念書、找個辦公室的工作，於是我也在金流、資訊業打滾了十多年，一路當到了執行長。直到二〇一八年，我選擇回到市場，重新當個菜販。

結果，一回來就發現——慘了！很多人不會買菜！不是不會拿菜放進袋子，而是根本不知道怎麼挑，連我的老婆大人也是如此。好多次，她站在菜攤前看著一堆蔬菜，一臉困惑地問我：「這個菜叫什麼？」

我心想：「啊！這不是基本常識嗎？」但仔細一想，這些東西根本沒人教啊！我們上學，學校有教數學，有教英文，甚至連三角函數都學了，但沒人告訴你怎麼挑一顆甜的番茄，怎麼分辨好吃的高麗菜，為什麼青椒有時候三瓣，有時候四瓣，這些生活知識完全被忽略了。

所以我開始在臉書上分享給老婆的「挑菜筆記」，結果沒想到吸引來了一大票親朋好友、以前的同事，甚至連一些廚師都跑來看。這才讓我驚覺：原來大家都想學，但根本沒人教！這本書，就是這樣誕生的。

挑菜是門技術活，買得好是屬於你的勝利。很多人覺得買菜靠運氣，今天買得好就賺到，買不好就認了。其實，挑菜這件事是可以學的！大部分的煮婦，都是花錢買經驗學來的。菜市場不是賭場，不是靠運氣好買到好貨，而是有方法的。

舉例來說，你知道挑白蘿蔔，要挑拿起來比看起來重的嗎？太輕的可能內部纖維化了，吃起來口感差。你知道台灣產的洋蔥，如果要甜一點，要選扁長形的；要辣一些的，就挑圓的嗎？還有絲瓜、蒲瓜蒂頭的梗越粗，內部長得越飽滿嗎？

這些知識，是市場裡的老攤商用幾十年經驗累積下來的，但沒有人好好整理出來給一般人學。

這本書，就是為了彌補這個缺口，讓你下次去市場時，不用再靠運氣來買菜，而是靠自己的眼睛、手感，甚至是鼻子。

這本書到底能幹麼？

這本書不是要給你上植物學的課，不會拿著菜單跟你說：「這是十字花科，這是豆科，這是什麼亞種變種」，因為你買菜的時候根本不會管這些！

這本書是最接地氣的買菜工具書，教你如何實戰挑選一百種蔬菜，還告訴你：

- 哪些蔬菜一定要買當季的，不然又貴又不好吃？
- 蔬菜的產地差在哪裡？是進口的好，還是本土的品質更優？
- 買回去後怎麼保存？是放冰箱，還是陰涼處？
- 這菜你不愛吃？沒關係，本書也會告訴你，它的身世與由來，讓你用不同角度重新認識它！

你可以把這本書當成買菜的攻略本，不管你是家庭主婦、廚師，還是習慣外食、對菜市場充滿未知領域的朋友，這本書都能幫你。

讀完這本書後，你會得到什麼？

希望你讀完這本書後，每次去市場買菜時，可以更有自信！

不再是連蔬菜名字都喊不太出來的初心者；不再是站在蔬菜前不知道挑哪個的探索者；不再是被問要幾斤幾兩就被考倒的試煉者。

當你學會這些挑選技巧，你會發現，買菜這件事，變得有趣了！你會開始享受這個過程，挑到一顆最甜的高麗菜、買到最脆的小黃瓜，甚至可以跟老闆聊上一句，「這顆我看應該是早上剛到貨的吧？」

然後老闆瞪大眼睛，對你豎起大拇指，「你內行喔！」

這就是這本書最想帶給你的體驗——讓買菜變成一種樂趣，一種能讓家人吃得更好的技能。

準備好了嗎？翻開這本書，讓我們一起逛市場，買菜去！

PART I LEAFY AND SALAD

葉菜

No.1

地瓜葉

今天跟大家介紹「地瓜葉」，又名「甘藷葉」也叫「過溝菜」，菜市場管它叫「番薯葉」（han-tsî-hióh）。很多人一直以為，地瓜葉就是地瓜長出來的葉子。連我一開始都這麼以為。

產季一年四季

地瓜葉是地瓜發芽長出來的嗎？

其實不是喔！地瓜長出來是「地瓜的葉子」，一樣可以吃，只是很多小絨毛，並不好吃。市場常看到的地瓜葉，是專門吃葉子的品種，是從每一段帶芽點的莖長出來的葉子，並不是從地瓜長出來的葉子。

地瓜葉非常容易種植，但是早期纖維粗、口感不好，所以都被拿來餵豬，台語、客語都有「豬菜」的叫法。以前的人是貧苦才吃地瓜葉，但現在這個觀念已經翻轉，因爲地瓜葉的營養爆棚，連無緣的聯合國都把它列爲「亞洲十大抗氧化蔬菜之一」。

路邊的小吃攤上，點份燙青菜，非常有機會得到一份地瓜葉，剩下就是大陸妹了。爲什麼都是這兩種青菜呢？因爲四季穩定的供貨量，加上十分親民的價格，最重要就是可以快速出餐。

菜市場的種類多到像尋寶

除了從拍賣場買回來的之外，時常會有地方阿媽自家採摘來賣的，最常見的是心形地瓜葉，偶爾會有尖葉地瓜葉跟日本種地瓜葉，有時罕見的會出現紅地瓜葉。

很多少婦反應說不太會處理地瓜葉，要撕梗，怕梗太粗，或撕完梗手指跟指甲縫會黑黑的，不過現在地瓜葉都是改良過的葉用甘薯，新的改良種都不用撕就很嫩了！當然也可以找熟識的菜攤老闆，幫你解決頭痛的撕梗問題，畢竟這種人情味是連鎖超市沒有的啊！

POINT 番薯葉 han-tsî-hio̍h 挑選原則

1. 葉形完整，不要枯黃。
2. 葉面越大越好。
3. 梗越青綠越好，梗暗綠色會比較有纖維。

No.2 空心菜

★ 翠綠硬朗

⚠ 葉面水傷

隨著天氣慢慢變熱，「空心菜」開始大出了，這種菜在菜市場，大家都稱它為「蕹菜」（ìng-tshài）。

產季全年，盛產季4～9月

一種東南亞熱帶常見的植物

常見到什麼程度呢？各位少婦小時候都有看過「牽牛花」對吧！有紫色、粉色的蓬蓬裙，有時也有藍色漸層的百褶裙，這些都是「旋花科」的成員，聽起來就是一個超會跳舞的團體。空心菜也是其中一員，只不過開的花像是一襲白色婚紗，一副就是要站在C位的氣勢，所以路邊看到白色的牽牛花就知道，這是野生的空心菜啊！

生長超級快的外來入侵種

空心菜本身快速可採收的特性，讓它變成市場調節菜價的利器。一般空心菜從種植到採收只要二十天就搞定，但如果長在水田中、下水道口、排水溝，很容易一下就直接暴長開來，造成危害，所以美國有些州明文公告種植空心菜是犯法行爲。禁止種植，也就導致價格水漲船高，在美國吃一盤空心菜可是要付出十美金以上的代價。

怎麼炒才不會變黑

幾乎來買空心菜的少婦都會問上這麼一句。變黑和空心菜本身含有的鐵質有關，關鍵在於氧化反應，以下幾點可以參考。

1. 避免使用鐵鍋，大火快炒，莖先下，起鍋前再下葉子。
2. 佐米酒、檸檬汁、醋，都可以延後氧化，加一個佐，氣勢就有了。
3. 油就是要多，要能包裹葉面跟莖的每一吋，盤子清空才是硬道理！
4. 先滾水燙過，再進炒鍋拌炒個油香，說起工序還可以多顯擺一下。

POINT

蕹菜 ìng-tshài　挑選原則

1. 莖部越細越細緻，但也有人喜歡粗管，喜歡脆的口感。
2. 莖無塌陷、枯黃、水傷，筆直硬朗而翠綠。
3. 葉子無大量枯黃水傷，翠綠佳。

★ 紅嘴綠鸚哥

⚠ 水傷

No.3

菠菜

「菠菜」，又叫「菠薐菜」（pe-lîng-tshài）或「菠薐仔」（pe-lîng-á），菜市場管它叫作「飛龍仔菜」，就像飛龍——飛上天的飛龍菜。菠菜在古代是出了名的舶來品，文獻記載著唐朝時，只有西域種植這種蔬菜，當時的波斯（現今的伊朗）就有大量種植，引進後百姓稱「波斯草」，後來就有了菠菜名稱的雛形。

產季 11～5月

因爲煉丹副作用成了延年益壽聖品

泥婆羅（現今的尼泊爾）曾向大唐進獻了一批菠菜，當時唐太宗喜歡的不得了。因爲自古君王就愛吃丹藥，吃永生的、壯陽的、通神的，吃保平安的，煉丹的道士吹噓了一下吃菠菜解丹毒，簡單說就是排便啦！因爲菠菜含的巨量草酸，在腸道內碰到鈣形成了草酸鈣，讓人更順暢排出過量的重金屬跟礦物質，所以唐太宗熱愛吃菠菜，一路活到了五十五歲，算是皇帝中長壽的了，從現代營養學來看，的確合理了許多。

忽悠皇帝的美味食材「鸚鵡菜」

乾隆下江南的故事大家耳熟能詳，其中一個跟菠菜有關。據說乾隆微服出巡時去體驗今日農村，農婦隨手做了一道菠菜燒豆腐，乾隆大概是走累了，吃得頗滿意，就問農婦這道是什麼菜？

沒想到農婦出口成章，她回答客人：「金鑲白玉板，紅嘴綠鸚哥」。因此菠菜又多了「鸚鵡菜」的稱號。

澀澀的，小孩不愛吃怎麼辦

少婦們應該都很有經驗，菠菜吃的時候好像會咬嘴，吃完後，牙齒總會澀澀的，讓你的舌頭不自覺的一直去舔它。那是因爲菠菜含有大量的天然草酸，用開水汆燙一下，大概可以少去八成的澀感。如果怕營養流失，也可以直接快炒加一點糖。

另外提供最新流行的「炒菠A」都市傳說，據說將菠菜跟A菜一起下鍋炒，可以神奇中和澀的口感。我個人則喜歡用金針菇或金滑菇一起下鍋炒，一樣解決惱人的口感問題，還可以明天一起見呢！

POINT 菠薐菜 pe-lîng-tshài　挑選原則

1. 葉面寬且完整厚實，不要黃斑黃葉。
2. 莖部飽滿脆實，不要乾扁。
3. 葉面乾爽佳。

● 左：平地菠菜　● 右：高山菠菜。

NO.4

莧菜

今天介紹一種看字很難念的菜──「莧（ㄒㄧㄢˋ）菜」，在很多菜市場都寫成「杏菜」，應該是「莕菜」的簡寫，很多古文中也都會出現這種「荇菜」。正所謂：「正月蔥、二月韭、三月莧……。」早在數千年前，這種野菜就進入了常民的生活，成為當令季節的代表。

⚠泛黃

⚠葉面水傷

盛產季 6～10月

市場常見中的莧菜

一般莧菜可分為「青莧菜」和「白莧菜」，兩者的口感及營養成分差異不大。還有一種比較少流通的「紅莧菜」，內行的客人通常會先挑走，畢竟差不多的價格，紅莧菜硬是多了豐富的鐵質與花青素。

澀澀的口感

莧菜帶澀的口感來自超強的草酸及鐵質含量，尤其是紅莧菜，是所有蔬菜中含量最高的。每一份莧菜的鐵含量是豬肝的兩倍，帶骨牛小排的六倍，更不用說還含有豐富膳食纖維及高鈣，吃一份莧菜就達標了成人每天鈣攝取量的三分之一。看來中醫說：「青莧菜入肝，紅莧菜入心」，還眞的有科學理論上的支撐。

面對莧菜的澀感，其實透過料理的手法就能有效改善。像是加上魩仔魚勾芡，完成Combo×2；厚工一點的，用鹹蛋、皮蛋、雞蛋豆腐一起燴煮，也有健康不勾芡，加上一包金針菇，一樣絲滑入口無負擔，統統幫你明天一起見。

莧菜料理適用的對象有：被鄰居說怎麼這麼小隻發育中的幼童，爸媽逼著喝烏骨雞湯想長高轉骨的青少年，懷疑被胎吸掉骨質的懷孕少婦，茹素中一直被質疑吃肉才夠營養的素食者，有什麼痠痛就被子女說是骨質疏鬆的老人家。一律有效啊！

POINT 莧菜 hīng-tshài　挑選原則

1. 葉面完整無枯萎軟塌，且莖梗水分飽滿。
2. 莖梗越細小的，口感越嫩。
3. 莖梗軟中帶脆性，不要軟爛發黃。

● 左：紅莧菜　● 中：青莧菜　● 右：白莧菜。

No.5 龍鬚菜

很多人喜愛龍鬚菜的口感，這種菜在菜市場的外箱上會印著「隼人瓜苗」，台語發音很像「鬼啊邱」（瓜仔鬚）「kue-á-tshiu」。很多時候會被當成「過貓」，兩者差異在於，過貓在末端有個像蝸牛殼的捲捲尾，而龍鬚菜如其名的很多鬚鬚亂捲。

⚠ 爛葉

※ 這是過貓

產季 4 ～ 10 月

龍鬚菜是眞的龍鬚

相傳唐明皇因爲安史之亂出京深造，一路跑到蜀州，一時間飢餓不堪，民間的廚師手頭沒什麼食材，順手就將「佛手瓜」的幼苗採下快炒。

皇上吃得很急，苗鬚都還露在嘴邊，他問廚子說這道叫什麼菜，廚子看著掛在嘴邊的鬚鬚，心頭一急地說：「龍……龍鬚菜」。於是這個「眞．龍鬚菜」的傳說就流傳了下來。

剛剛的故事說的是佛手瓜，沒錯！龍鬚菜是從佛手瓜長出來的嫩芽中摘取，所以必須人工手採，因爲嫩芽生長得很快，都要一大清早進行採收作業，一個不留神就老了。

完美的料理搭配

龍鬚菜的營養價值很高，除了葉菜類有的維生素群，也包含了鐵、磷、鋅、硒等微量元素，膳食纖維當然也少不了。但因佛手瓜偏涼，瓜類的屬性大都是寒系，所以建議加上麻油老薑爆炒一番，可以中和一下。

很多餐廳也會將龍鬚菜做成涼拌菜，滾水燙熟後排得整整齊齊，最後上面淋上胡麻醬，撒上芝麻，賣相極佳。想想五十元就能買一盤落難皇帝菜，還眞香！

POINT 瓜仔鬚 kue-á-tshiu 挑選原則

1. 葉色黃綠是清晨採收，口感軟嫩。
2. 葉色翠綠是下午採收，口感清脆。
3. 鬚鬚越直越嫩，越捲越老。

● 上：下午採收 ● 下：清晨採收。

NO.6

A菜

A菜略帶苦味，早期是用來餵鴨的，台語俗稱「鴨仔菜」，有些地方拿來餵食鵝，也叫「鵝仔菜」。台語念作「萵仔菜」（e-á-tshài），發音接近A仔菜，市場的估價單上一般都用A來替代，久而久之就變成「A菜」了！

產季一年四季

常見卻不認識的萵苣家族

有著超級洋派名字的A菜，本名爲「台灣萵苣」，爲什麼要特別冠上台灣呢？因爲要和「大陸萵苣」區分，也就是俗稱的「大陸妹」。A菜是萵苣家族的一員，這個家族的體味都有點接近，但是呈現的外型卻完全不同。

- **A菜：**長得巨高的「不結球萵苣」，又稱「葉菜萵苣」、「台灣萵苣」。
- **大陸妹：**水桶腰身的「半結球萵苣」，又稱「福山萵苣」。
- **美生菜：**圓滾滾的「結球萵苣」，又稱「包心萵苣」。

除了情和義，也需要擲千金的菜

大家可能以爲A菜是台灣土生土長的菜，事實上是到了日治時期才引進種植。萵苣原本產於歐洲與地中海一帶，在十世紀時傳入中國，因爲大老遠過來賣給大契丹國的貴族，因此要付出千金的價碼，才可以吃到這種帶苦味的舶來品，因此有「千金菜」的別稱，想想當時的商人一定是銷售之神。

苦苦的是不是農藥殘留？

A菜爲什麼這麼苦，苦中還帶一點點的澀。事實上，萵苣家族普遍都有微苦的乳狀液，古時候被認爲是孕婦的高營養食材，而且可以增加發乳量，所以也常出現在月子餐中。

苦澀是因爲A菜有草酸成分，當然氣候、病蟲害、土壤、施肥，乃至收成的時機點都會影響。但A菜中富含醣類、維生素、礦物質、胡蘿蔔素、胺基酸還有類黃酮等等，其中還含有「槲皮素」，具有抗發炎及抗氧化的作用，妥妥的利大於弊啊！

POINT

挑選原則

萵仔菜 e-á-tshài

1. 葉面完整無枯萎軟塌。
2. 莖梗水分飽滿，軟中帶脆性，不要軟爛發黃。
3. 靠傷、水傷都不要。
4. 葉面不要有灑水的較易保存。

No.7 福山萵苣

★ 新鮮切口會有乳汁

⚠ 水傷爛葉

⚠ 破損

猛一聽感覺很陌生，在市場上，這種抗漲又常見的葉菜，大部分人會叫它「大陸妹」，只是在今天族群文化多元的台灣社會中，似乎也到了該正名的時候了。

產季一年四季

大陸妹的由來

回想到二、三十年前，台灣景氣正在起飛，當時每日都有成堆的偷渡客來台灣賺錢，男性沒有特別的稱呼，但女性被叫作大陸妹，可能是指涉年輕貌美，幼齒的樣貌。同時，有一種大陸的萵苣也傳過來台灣，因為外觀翠綠、口感爽脆，所以就稱呼為大陸妹了。也有一說是南部稱萵苣為「萵仔菜」(meh-á-tshài)（發音近似妹仔菜），而大陸來的品種自然就叫「大陸妹仔菜」，市場中為了書寫上更快速，被去掉尾音及語助詞，就成了「大陸妹」。

正名再正名的蔬菜

北農的拍賣查詢中，其實找不到大陸妹這個蔬菜的拍賣行情，你得打上「油麥菜」才能找到。因為北農於二〇〇一年正式正名「油麥菜」，但想必是以失敗告吹，不然在市場的習慣用語就不會是大陸妹了。農委會在二〇一八年又正名為「福山萵苣」，希望各餐廳飯店都能夠將菜單更名，起碼在公家機關、國中小學的營養午餐中，都強制使用福山萵苣，直接從小教育開始，有望三十年後能夠正名成功。不過除了大陸妹之外，其實還有幾個正在正名的食材，如：處女蟳 vs 雌青蟹；美人腿 vs 茭白筍；拍某菜 vs 茼蒿，希望都能隨時代進步正名成功。

流那個白白的能吃嗎？

福山萵苣切面會流出乳白色汁液，氧化後會呈現褐色或深紅色，這是多酚類高含量的代表，不難想像含有大量的鐵與鎂等礦物質。同時是鮮嫩爽口的代表，萵苣類可以分解亞硝胺，被稱為天然的亞硝鹽阻斷劑，燒烤店常用來包覆烤肉，不只是爽口解油膩，也是上天賜給愛吃燒烤的人的禮物。

POINT

萵仔菜 meh-á-tshài 挑選原則

1. 要青綠不枯黃、不萎縮腐爛、沒有鐵鏽斑點。
2. 沒有第二點，葉菜類很容易挑選啊！

No.8 美生菜

★ 保鮮袋包裝

★ 切口氧化，紅褐色正常

⚠ 爛葉

有聽過「結球萵苣」嗎？每逢烤肉季節不可或缺的一員。俗稱「美生菜」，也有人叫「西生菜」，因為早期都是歐美地區在生吃。大宗多半是從西方進口，因為速食漢堡的文化推廣，大大促進台灣人對美生菜的愛好，現在冬季也有大量國產美生菜可供應了！

產季 11 ～ 2 月

生的營養價值高於熟的

萵苣含水量高達九十五%，造就其爽脆的口感，生吃是保留這些營養素的最佳選擇，煮熟反而會降低維生素的含量。但生食蔬菜最怕的就是農藥殘留問題，不過我查詢了一〇九年度的毒試所報告中，結球萵苣的農藥驗出率是六十四%，但是檢驗合格率是百分之百。也就是說大都有些許農藥殘留，但都符合法規用藥標準，因此購買生菜務必要清洗乾淨再食用。

怎麼處理圓滾滾的美生菜？

因爲美生菜是一層一層的包覆起來，所以清洗上必須每一片都能夠清洗乾淨。可以先準備一個洗菜盆及一盆冰水，把底部的蒂頭來上一刀，接下來用手一片一片剝下來。剝的時候也可以依照要做的料理來決定大小，盡量徒手作業，因爲使用金屬刀具切割，會導致切割處加速發黃變紅。剝下來的葉子先在洗菜盆活水清洗，再撈出放入冰水盆中冰鎮，低溫可保持美生菜清脆的口感。

新鮮才有脆度，保鮮超重要

整顆的美生菜保存十分簡單，菜市場購買的通常都已經有封上一層保鮮袋，所以拿回家後冷藏即可。通常可以冰三至五天，每經過一日，葉面就會黃掉不少，準備食用時再剝掉就好。一頓吃不完的美生菜怎麼保存，如果是一兩天內會繼續食用完畢，可以把剩下的葉子直接壓泡在水中冷藏，隔離空氣減少氧化反應。會放比較多天才吃的話，就建議完整脫水後再用保鮮盒存放，可以使用擦手紙簡單擦拭，如果家裡有旋轉脫水機的話，會更簡單方便，讓存放期增加。

POINT 挑選原則

生菜 tshenn-tshài

1. 挑選葉片青綠，變黃就是不新鮮了。
2. 外包裝保鮮袋完整，有破洞容易脫水氧化。
3. 底部切口會氧化紅紅的正常，不要發黑即可。

No.9 茼蒿

節氣過了大雪，天氣越來越冷，市場上原本已經稀缺的「茼蒿」，會依照天氣越冷而越快完售，這是一種看氣溫決定銷量的蔬菜。菊科一族像是A菜、福山萵苣、A菜心等，通常都需要較冷的天氣才會長得好，恰恰符合火鍋的季節時令。

產季 11～4月

最早有主題曲的蔬菜

我自幼就常聽到隔壁攤的明政叔唱：「當歐們同在一起，在一起……。」尤其是夾帶著台灣國語更是貼切，每當整理茼蒿的時候，內心總會響起背景音樂。

在菜市場我們說的茼蒿，就是「大葉茼蒿」，還有一種裂葉茼蒿叫「山茼蒿」，因爲都是菊科的作物，所以有個很雅的名稱叫「春菊」。這原是歐洲貴族間布置庭園的觀葉植物。後來傳到中國，在這個什麼都吃的國度被當作蔬菜食用，畢竟權貴員外家中養這麼多食客，吟詩作對的，發發酒瘋、吃吃景觀植物，也是很平凡的事，無傷大雅吧！

長輩都說農藥很多是眞的嗎？

有些少婦會跑來問：「老闆，昨天買的茼蒿吃起來怎麼苦苦的，是不是農藥超標啊？」其實茼蒿如果苦，大部分的原因是天氣太好，茼蒿的生理機制中的植物鹼，日照一多，光合作用的buff效果一開，就會分泌更多的苦味物質。所以天氣要冷，茼蒿才會好吃。

茼蒿本身具有特殊香氣，有些人會覺得臭，其實很多菊科植物中都含有這種氣味，相對其他葉菜類的蟲害會少一些。根據行政院農委會農業藥物毒物試驗檢測，一〇八年茼蒿的合格率是百分百，一〇九年也有九十%合格率啊！

建議少婦溫柔清洗，水流不要太大，以免造成葉面水傷，簡單沖洗後，在流水中浸泡一下即可。

POINT 苳蒿 tang-o　挑選原則

1. 葉面不要枯黃、乾扁、水傷。
2. 葉面越肥厚越好。
3. 切口不要氧化過度。

● 風味弱 vs. 風味強。

No.10 山茼蒿

天氣一冷，就想吃火鍋，茼蒿量還很少沒關係，市場上還有「山」茼蒿可以替代，因為山茼蒿對溫度沒這麼要求，通常都是入秋後就開始收成了。

⚠ 靠傷

※ 採收不帶根

產季 10 ～ 2 月

很好辨認的外觀特徵

山茼蒿的葉片比茼蒿小很多，又有鋸齒狀的裂葉，所以也叫「小葉茼蒿」或是「裂葉茼蒿」。山茼蒿在攤位上幾乎是不帶根的葉菜，因爲它的植株都超過十五公分以上，採收時很容易折斷，所以農民都是用割韭菜的方式收成。不過葉子小歸小，香氣超濃，比大葉茼蒿有著更劇烈的獨特香氣，喜歡的人愛不釋手，冬天沒吃到今年就不算完整呢！

日本人很愛的春菊

台灣的山茼蒿，在日本叫作「春菊」，因爲日本人常在春日時節採來吃，放在火鍋裡涮一下，壽喜燒也會看到它的身影，炸成天婦羅造型格外的典雅，有時也會拌成沙拉，還會做成蛋捲來吃，煎、煮、炒、炸似乎都可以釋放它的香氣。

山茼蒿不耐久煮，苦味來自葉子的多酚物質，因爲加熱導致細胞壁破裂時，苦味自然就越來越明顯，建議大火快炒，或是火鍋下鍋燙個十幾秒即可，除了減少苦味外，還可以保留更多的維生素群。

山茼蒿怎麼處理？

茼蒿都不耐存放，所以買回家後都要盡快食用。如果要冰起來，最好先用報紙或是紙巾覆蓋，再用塑膠袋套起來密封，可以存放三至五天。

料理前，不管要做什麼料理，都至少一定要先對切，可以的話每段不要超過十公分，因爲山茼蒿的梗超級有韌性，對老人或小孩都很不好咬斷，我自己小時候喝鹹湯圓湯時，曾經噎到，從喉嚨拉出一整條的山茼蒿，過程跟畫面可是十分驚悚呢！

POINT 山茡蒿 suann-tang-o　挑選原則

1. 葉面不要枯黃、乾扁、水傷。
2. 莖梗富含水分有彈性。

● 食用注意，料理時菜梗建議每段長度不要超過 5 公分。

NO.11

紅鳳菜

這裡說一個有點神祕的菜，「紅鳳菜」，菜市場管叫「紅菜」（âng-tshài），產季冬春兩季是大量，所以這段時間比較常出現在市場。

⚠乾扁焦黃

⚠纖維太老

※保護色的蟲

盛產季 1 ～ 6 月

我的月子餐回憶錄

我對紅鳳菜的印象很深，因爲陪太座在月子中心坐了三次月子，幾乎餐餐有紅鳳菜，我代吃的量可能比前三十年總和還多。未煮前一面綠一面紫的紅鳳菜，煮出來整盤菜汁紅到發紫，在以形補形、以色補色的觀念中，看起來就超補血。事實上也是，因爲它的鐵質含量超高，除了鐵質外，也有維生素A、鈣、磷、鉀，當然還有重要的花青素。

各種離奇的傳言，可信嗎？

江湖有很多傳言，一個是不能在晚上吃紅鳳菜，白天吃補血氣，晚上吃耗血氣，會連到地獄血池。我想唯一的合理說法是中醫認爲紅鳳菜性涼，吃多可能會脾胃虛寒，但是炒菜時加點麻油跟薑絲，我想就可以中斷live連線地獄了。

第二個傳言是致癌，據說某某醫院的醫師說紅鳳菜含有吡咯里西啶生物鹼，具肝毒性，可能致癌。各位少婦應該都不會念的吡咯里西啶生物鹼，其實是一種常見的植物鹼，透過食物鏈，蜂蜜、奶蛋、動物內臟都會發現。

食藥署說實驗中未發現明顯毒性，正常食用「不會中毒」，世界衛生組織也「沒有列爲致癌物」，所以少婦們放心正常買，大膽吃吧！

POINT 紅菜 âng-tshài　挑選原則

1. 顏色越紅紫越好。
2. 葉面完整無枯黃爛葉。
3. 葉梗折斷處是否俐落，有絲表示較老。

No.12

茴香菜

天氣一冷，其中有一種耐寒的作物「茴香菜」，出現在菜市場的機率大大提升了！台語很難念，我們管它叫作「揮揚啊」（huê-hiunn-á），加點台灣國語，這樣發音就會很接近。

⚠ 水傷

※ 注意益蟲

盛產季 11 ～ 3 月

一家人都是體味重的存在

茴香菜很挑人吃，獨特的香氣和香菜一樣，愛的人很愛，討厭的人碰都不願意碰一下。沒錯！它跟香菜算是親戚，都是繖形科的，同時你想到的香料也都是同一族。芫荽、孜然、八角、香芹、蒔蘿、當歸……，都是料理中負責香氣的輸出擔當。

你買的茴香不是茴香

在傳統菜市場中有個特別的現象，你購買的茴香菜其實大都是蒔蘿菜，比較常用於料理中，它的氣味有點清新脫俗、偏檸檬柑橘類的味道，感受更像巴西里，所以很常用來做成水餃，也會拿來一起煮排骨清湯，我們家通常都是拿來炒雞蛋。而眞正的茴香菜莖部會比較膨大，因爲長大後會有個很明顯的球莖，吃起來的香味更重，也略有苦味，還帶點強烈的八角味道。

坐月子很常出現的料理

我陪著太太坐了三次月子，幾乎三天兩頭就會吃到茴香菜，因爲它有個特殊的藥用效果「發奶」，所以很多歐洲的發奶茶配方中，都會看到茴香默默標註在成分表中！

中世紀歐洲用它來入藥，可以抗菌抗炎，幫助消化，也有人直接把它提煉成精油，製成按摩配方的一種。埃及也用它來製作香膏，同時也是用來驅魔的聖物，大概就是端午節掛艾草那種等級的存在。

前兩年減肥界推大茴香菜減重，圖它的高纖、低熱量，更重要的是利尿、消水腫的效果，這麼好的季節限定蔬菜看到千萬別錯過了！

POINT

茴香 huê-hiunn 挑選原則

1. 外觀鮮綠，沒有水傷爛掉。
2. 氣味清新，不要有酸臭味。
3. 整把有水分，富有彈性。

No.13

小白菜

★ 通常帶根

⚠ 黃葉

「小白菜」在菜市場都叫「修白阿」（sió-pe̍h-á），也會有人喊「偷白阿」（thóo-pe̍h-á），因為這是最常見的土白菜型態。在我們進貨單上都只會寫一個「土」字，當然有其他型態，比較常見的還有奶油白菜、黑葉白菜、齒葉白菜。

產季一年四季

勢力驚人的白菜家族

小白菜是一種超日常的蔬菜，幾乎也是常見蔬菜的始祖，凡是你念得出來的像：青江菜、油菜、小松菜、奶油白菜、黑葉白菜等，都是小白菜混出來的不結球白菜子代。慢慢選育出半結球白菜的蚵白菜，最後變成了結球白菜的包心白菜、山東白菜。

隨著小白菜演化慢慢結球後，生長天數也跟著級距上升，從二十天的基數直接乘一．五倍，可以得到半結球白菜「蚵白菜」，所以一斤通常也會貴個三至五元，而種植時間乘三倍就可以得到結球「大白菜」，價格也會以每斤多十元起跳，真是時間等於金錢的最佳寫照耶！

味道到底正不正常？

不過很多人會反應有些小白菜怎麼吃起來苦苦的，是不是吃到農藥了！其實苦的原因有很多種，蟲害太多讓植栽產生苦味保護自己；採收期缺水也會導致苦澀；施氮肥太多，還沒等退肥就採收也會造成苦澀。通常最不會的答案就是農藥超標，但炒菜前，活水多沖洗一下還是必要的。

容易喊錯名字的尷尬瞬間

許多少婦會把「小白菜」跟「蚵白菜」搞混。「老闆給我一斤小白菜」，然後眼睛盯著蚵白菜看，面對這種霸氣，真不知道要不要將錯就錯賣給她！

最大的偷懶分辨方式是小白菜通常帶根鬚，而蚵白菜大都沒有帶根鬚，但偶爾產地來的小白菜也沒有根鬚。其次是莖脈，蚵白菜遠比小白菜來得寬且厚實。再來是看葉子的顏色，蚵白菜屬於深綠，小白菜顏色比較淺綠，不過最有用的一招「菜長在嘴上」。開口喊「老闆，來斤小白菜」就搞定了！

POINT 挑選原則

小白菜 sió-pe̍h-tshài

1. 葉面不要枯黃，水傷。
2. 莖脈不要靠傷、發爛。
3. 莖部飽滿硬實，盡量帶根鬚。

NO.14 蚵白菜

菜市場都念作「鵝阿白」（gô-á-pe̍h），所以也寫成「鵝白菜」，因為是台語發音，所以就不太挑國字的寫法了。這是一款網路資訊匱乏的蔬菜，就由我來首開先河的說說它。

★ 葉柄厚實

⚠ 黃葉

※ 通常不帶根

產季一年四季

白菜家族中的演化者

蚵白菜是「白菜家族」中的一員，介於不結球的小白菜與結球的大白菜之間，呈現半結球白菜的特性，搞得跟半導體一樣，各取其優點，有結球白菜厚實的莖加上輕盈的葉子。

自助餐與便當店業者，通常清一色都採購蚵白菜，因爲葉菜類的葉子容易縮，葉面越大的縮起來越嚴重，炒起來沒剩多少，而蚵白菜完全展現葉柄多的價值，又厚又飽水，炒起來不縮水，厚實脆口的口感更容易吃到清甜味。炒葉菜也同時很吃廚師工夫，葉子一不小心就炒黃了，蚵白菜的葉片比小白菜少很多，當然就更好炒了！

初心者難以分辨的外觀

小白菜跟蚵白菜是新手少婦的難題，乍看下幾乎一模一樣的外觀，一種安能辨我是雄雌的既視感，所以需要靜下心來觀察。

蚵白菜通常不帶根鬚，莖與葉的比例是五五身，綠上衣搭配高腰白褲子的概念，葉柄寬度會大於大拇哥。走到菜攤前面，可以停下來深思一下，綜上述條件複習一番，不用擔心，老闆會以爲你在想要煮什麼菜單！

蚵白菜身處十字花科的大家族中，不免俗地含有維生素群A、C，礦物質群鉀、鈣、鐵，加上葉柄厚實，含有大量膳食纖維及粗纖維，完全是幫助腸壁蠕動的好夥伴。聽到這裡的少婦，還不點頭示意明白趕快去買。

POINT 鵝仔白菜 gô-á-pe̍h-tshài　挑選原則

1. 葉面不要枯黃，水傷。
2. 莖脈不要靠傷、發爛。
3. 莖部飽滿硬實，充滿水分。

● 上：小白菜　● 下：蚵白菜。

NO.15 青江菜

市場上最常見的「青江菜」念作「青江仔菜」（tshing-kang-á-tshài）。菜市場直覺的依外觀稱呼為「湯匙仔菜」（thng-sî-á-tshài），尤其是我們在整理菜的時候，一瓣一瓣剝掉的樣子很好聯想，雖然剝掉的都是眼淚，但的確像極了一根根湯匙。

產季一年四季

家族很大的十字花科

青江菜屬於十字花科的一員，也是一種小白菜。在「結球白菜」、「半結球白菜」和「不結球白菜」的分類中，小白菜、青江菜就是屬於不結球的那種，大白菜很直觀就是結球白菜，還有一種半結球白菜，像是蚵白菜。

因爲青江菜個頭不大，亭亭玉立的模樣，腰間還似乎束了腰，有個文弱書生的別名叫「江門白菜」。上海菜飯就不能少青江菜這味，我家小孩自從吃了名店的菜飯後，從此一吃成主顧。

蔬菜也需要像茶葉般的殺青

青江菜很看人吃，因爲含有些許的硫化物，同時有種說不出的澀澀口感，有的人就是情有獨鍾這款風味，也有些人不喜愛它的特殊氣味。當然，挑選也決定風味，青江菜越大越老的，硫化物含量就會高，這股特殊風味就越重。

去除青江菜的苦澀味，殺青是很好的解決方案，就是製茶的那個殺青，也有叫去青，目的是讓蔬菜內的酵素失去活性。炒菜前，厚工的先簡單汆燙一遍再下鍋，就可以有效減少青江菜苦澀的風味。

POINT 湯匙仔菜 thng-sî-á-tshài 挑選原則

1. 莖部飽滿硬實，不要溼爛。
2. 葉面有一定的厚實感，不要發黃、水傷。
3. 接近根部寬大的氣味濃，小株的氣味較淡。

● 湯匙菜。

No.16

油菜

「油菜」一年四季都有，油菜中有個油字，可以猜想跟油脫不了關係。世界四大油料作物大豆、花生、向日葵、菜籽，其中的菜籽就包含油菜籽，因為自古就用它們的種子煉油，不管是料理用油，還是工業用油，都可以看到它的身影。

★ 飽滿有彈性

⚠ 葉面損傷

⚠ 爛掉

產季一年四季

無心插花，花成海

油菜四季都有種植，因爲十分耐冷，在冬天也會長，許多農民朋友剛秋收完的休耕期中，就會種上油菜當作綠肥作物，等到開花時，再把整株作物拌入土壤，也就是說，種油菜是爲了讓土地更肥沃。

每逢油菜開花時，原本綠油油的田裡，突然蓋上一片黃澄澄的油墨，往上堆疊著一層一層的綠山，留白的深色藍天還可以上文案。第一批攝影師達人衝鋒陷陣構圖後，前仆後繼的網美一批一批爭相模仿。除了讓農村景觀瞬間滿級之外，更帶動油菜的種植風潮，在無意間造就了冬天農業城市都有花海可以逛的旅遊商機。

油菜很苦，小孩不愛怎麼辦

常常有些少婦會反應小孩不愛油菜，很多時候不是菜本身苦，而是含了草酸鈣，會讓你牙齒澀澀的。另外，十字花科很多都含有硫化物，咬開的一瞬間會有點嗆鼻，這些都是小孩不愛的口腔刺激。

少婦們可以試試先汆燙再下鍋炒，滾水燙個一兩分鐘，把草酸跟硫化物先除去大半，再用重油封住舌頭的味蕾，所以油千萬不要少放，不用擔心攝取過多的油脂，買一瓶好油就不怕吃了。

最後一招是油菜最後上菜，因爲人的舌頭在十至四十度是最佳工作環境，也就是在這個溫度段特別靈敏，菜一冷掉回到常溫時，苦澀味會被大腦高度檢視，而熱騰騰的菜可以刺激味蕾，讓你的舌頭分散注意力，這時候吃什麼都會好吃很多喔！爲什麼媽媽耳提面命要趁熱吃，實在是洞察科學的硬道理啊！

POINT 油菜 iû-tshài 挑選原則

1. 葉菜類禁忌，葉面不要有水漬，容易爛掉。
2. 葉面完整不要水傷，深綠色佳。
3. 葉緣不要枯黃。
4. 葉面蛀幾個洞沒關係，表示蟲願意吃。

油菜花。

No.17 芥蘭菜

★ 葉子有臘

⚠ 葉面水傷

※ 切面新鮮

之前有少婦來攤位上點名買「芥蘭菜」，有人叫它「芥藍」，也稱「格藍菜」。這是甘藍菜的變種，十字花科的一員，可以理解它是瘦子版的高麗菜，都是葉用甘藍，只是芥蘭屬於不結球的那一掛。

盛產季 8～4 月

很多小孩不喜歡吃芥蘭菜

因爲芥蘭裡面的植物有機鹼，有一種獨特的金雞納霜（奎寧），沒錯，就是用來抗瘧疾的藥物成分之一，這會讓菜中帶點苦味。

去除苦味有幾種手段，端看你的意志多堅定：

- 可以佛系去苦，告訴自己吃得苦中苦，吃完這苦人生就不苦了！
- 挑選比較鮮嫩的芥蘭菜，越老越苦澀。
- 熱油爆炒前先快速汆燙一下，有效減少苦味。
- 加沙茶醬十分有效，大量的油脂可以讓你的舌頭失去感受能力！

爲什麼要逼小孩吃芥蘭呢？

芥蘭菜營養豐富，尤其是有葉黃素，可以少買很多保健品，草酸含量少就算了，鈣含量還超高，同樣一百克，鈣含量快要牛奶的兩倍，乳糖不耐的你，是不是有新的選擇！炒起來放點素蠔油，佐點羊肉，對家有老人、老公臥床滑手機、幼童轉大人超好！

POINT 芥藍仔 kè-nâ-á 挑選原則

1. 莖部越細越嫩，有人特別喜歡粗管，追求脆的口感。
2. 莖桿無塌陷、枯黃、水傷，筆直硬朗而翠綠。
3. 葉子無大量枯黃水傷，翠綠帶蠟佳。

● 新鮮剛採收。

No.18

大白菜

★ 切口皎白

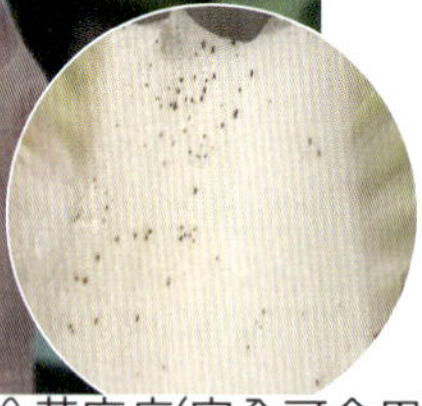

⚠芝麻病(安全可食用)

⚠ 山東大白菜

⚠ 黑心

每逢冬天火鍋不可缺少的一味，想必一定有白菜，市場常見的大白菜又分「包心白菜」跟「山東白菜」。台語讀作「包白阿」（pau-pêh-á）和「山東白阿」（suann-tang-pêh-á）。

產季 11 ～ 5 月

傳說中的菘菜

大白菜原產於中國北方，因耐寒，在冬天時還能像松樹一樣有著青葉，所以古時被稱爲「菘菜」。在古詩詞中看到菘字就知道是懂吃的吃貨來著，蘇東坡著作中有一句：「白菘似羔豚，冒土出熊蟠」，像羊羔與熊掌的白菘指的就是白菜啦！

大白菜和小白菜古時都叫菘菜，很多少婦以爲小白菜是還沒長大的大白菜，實際上大白菜是由小白菜演化出來的品種，小白菜是不結球白菜，大白菜是結球白菜，都是十字花科的代表作。

葉面有黑點可以吃嗎？

網路上有兩派說法，一派是日媒、港媒說的「多酚」物質，因爲太肥美擠破細胞壁氧化造成的黑點，所以會隨著時間氧化黑點越多越黑。

台派代表的農委會說這是十字花科常見的疾病，叫「黑點病」，也就是俗稱的「芝麻病」，跟施肥、土壤、品種、儲存比較相關。我是支持台派的說法，因爲市場經驗是貨來就有黑點的存在，不會因爲多冰兩天就黑點更多，葉面靠傷也不會因此氧化變黑。不管是什麼原因，黑點都可以吃，請放心吃，大膽吃。

攤位上那些被剖開的大白菜是……

大白菜最怕的就是包藏禍心，因雨季造成內部水傷，菜市場俗稱的「黑心」，我老爸四十年經驗都看不出來，所以每當大雨過後，就會看到攤位上有對切開來的大白菜做展示，或是在大白菜屁股來上一刀。請放心，這不是瑕疵品，是老闆幫你檢查啦！

POINT 白菜 pe̍h-tshài　挑選原則

1. 整體緊密不鬆散。
2. 切口看新鮮度。
3. 拿起來厚重，表示內心扎實飽滿。
4. 葉面不要有水傷、靠傷、腐爛。

● 切開證明內部無黑心。

No.19

娃娃菜

説到「娃娃菜」，你想到的是哪一個？是長得像迷你大白菜的那個娃娃菜？還是很多胖胖枝芽的那個娃娃菜？

菜市場常見的娃娃菜有兩種，「娃娃白菜」和「娃娃芥菜」，冬天的時候你說要買娃娃菜，我們會優先拿娃娃芥菜給你，過了冬季，我們會拿娃娃白菜給你。

※ 黑點點可以吃

※ 通常四根包一起

產季 10 ～ 3 月

娃娃白菜的身世

很多少婦以爲娃娃菜是還沒長大的山東白菜，或是山東白菜取嫩心的部分。我以前也是這麼認爲，但其實它跟大白菜一點關係都沒有，嚴格說起來只能算是三等親，都是十字花科家族，不同品種的親戚，只是這個血脈的基因很嬌小，呈現迷你可口的樣貌。

因爲娃娃白菜對溫度很要求，所以台灣平地只有冬天能夠種植，高山則要海拔破千才好種，而且需要四個月以上才能採收，栽種的成本比較高昂，所以大部分都還是倚靠進口來塡補需求。

跟大白菜一樣的黑點點

愛吃娃娃白菜的少婦不難發現，有時菜葉會發現黑點，大小跟黑芝麻差不多，常被誤認爲是蟲咬的或是生病發霉，洗菜整理時都會把它剔掉或是挑掉。

娃娃白菜跟大白菜同屬不同種，所以也會出現大白菜常見的「芝麻病」，台灣的官方標準說法是「黑點病」，這是可以吃的，安全無虞。

十字花科都是營養滿滿

娃娃白菜富含維生素群，維生素C的含量還高於蘋果，愛美的少婦可以多吃一些，而礦物質也十分豐富，尤其是鈣質，對老人小孩都十分重要。運動員需要的鉀元素含量也媲美香蕉，更重要是全年齡都需要的膳食纖維含量也很夠。喜歡乾的可以快炒品嘗它的鮮甜，喜歡溼的可以火鍋煮湯，都各有風味，值得一試！

POINT　娃娃菜　挑選原則

1. 葉面呈現淡黃色，轉綠就太老了。
2. 莖部扎實飽滿。
3. 葉尾不要有水傷、靠傷、腐爛。
4. 葉面上黑點點很營養，可以吃。

● 進口產地越南為大宗。

NO.20

高麗菜

⚠ 水傷

⚠ 漂亮的橫切面

※ 圓頭高麗菜

這篇要介紹一下小火鍋必備食材「高麗菜」，叫高麗的高麗菜不是韓國的，也不是韓國傳過來的。它來自歐洲，拉丁文稱為「colis」（音似蔻莉絲）。荷蘭、西班牙、法國的發音都差不多，一樣跟著四處插旗子的荷蘭人或西班牙人來到台灣。

產季一年四季

制霸菜市場的高麗菜指數

高麗菜是菜市場最常見的青菜，一年四季都有，有人直接封它是「菜王」，全世界有麥當勞的「大麥克指數」，菜市場也有這樣的「高麗菜指數」，價格到兩百塊錢就會上一次新聞，低於十塊錢就會再發一次媒體。

尖頭眞的比較好吃嗎？

耳熟能詳的都聽過尖頭與圓頭是高山跟平地分別，也有人說尖頭是公的，母的是圓頭。從市場進貨來源有高山與平地高麗菜，的確通常高山的都會是尖頭，平地的通常都是圓頭。但是近年平地也是種得出尖頭高麗菜，圓頭的也種得出超好吃的口感跟甜度了！大家都知道要挑尖頭的高麗菜，直覺的甜度（價格）比較高。但是爲什麼呢？主要是日夜溫差大導致心與葉的生長速度不一造成，入夜溫度降下來，外圈葉子停止生長，內圈葉子還在發育，就會產生這個情況，天冷就要囤積能量，甜度較高，也比較脆口。

怎麼挑才好吃？

有些人說高麗菜要挑重的，有些人說要挑輕的，其實都沒錯，在於每個人料理的手法跟想要的口感不同，高麗菜成熟時，會一層一層的越包越大顆，越來越緊實，葉面越來越厚重，所以輕重也是看熟成度的一個標準。想要葉薄爽脆「卡滋卡滋」的要挑輕的，想要咬下去會出水，並享受葉面甜味的要挑重的。不要再用敲敲打打拍拍聽音了，這不是挑西瓜啦。

其實正當時的時令高麗菜都好吃，各位有吃過進口高麗菜的應該很懂，像是吃鍋貼水餃，覺得高麗菜很硬不甜的，涮涮鍋的高麗菜很蒼白煮不爛的，泡麵裡面的乾燥蔬菜等等，很多都是進口的，高麗菜，我堅決支持台灣No1啦！

POINT

高麗菜 ko-lê-tshài 挑選原則

1. 外觀不要明顯的破損，爛葉。
2. 顏色要翠綠，不要死白。
3. 葉梗要有脆性，不是軟塌，也不是硬邦邦的。

一箱來自產地的空氣價格

你知道你的高麗菜價格裡包含了什麼嗎？

一斤二十四元的高麗菜，真的貴嗎？

「老闆，這顆高麗菜多少錢？」

「現在便宜又好吃，一斤二十四元。」

「好貴！新聞不是說產地一公斤才十幾塊嗎？」少婦搖搖頭悻悻然地走了。

這樣的對話，在每年高麗菜產量過剩、價格下跌時都會不斷上演，彷彿菜販是惡名昭彰的奸商。但如果今天有一箱「空的」高麗菜箱子送到市場，攤商一樣得賣你每公斤二十元，這是怎麼回事呢？

讀完這篇文章，帶你從產地到市場，算一算在你面前的高麗菜售價結構。

產地農民賣多少？

讓我們從高麗菜的起點——產地開始說起。

在西螺，一位菜農昨夜趁著天還沒亮，冒著寒風連夜採收剛成熟的高麗菜，這些菜今天凌晨被送進北農拍賣市場，最後以一公斤十二・七元的價格成交。

以每箱二十公斤計算，一箱的成交價為兩百五十四元。那農民實際能拿到多少呢？

- 北農拍賣賣方手續費為一・五％。
- 代辦運輸費（從西螺到台北）每箱八十元。
- 拍賣專用紙箱每箱二十六元。

拍賣價一箱兩百五十四元，農民最終實拿約一箱一百四十元，每公斤約七元，這筆錢還要扣掉農民的種植成本、人力成本，實際能賺的更少。這也是為什麼有些產地會開放「自採價十元／公斤」，因為省下了拍賣與運輸成本，農民反而能賺得更多，甚至會出現「自己採，一顆十元」，因為農民還省了下田的工錢呢！

高麗菜到市場，價格發生了什麼事？

凌晨一點，來自產地的貨運車抵達市場，開始卸貨。

市場的行口（批發商）在北農以二百五十四拍得這箱高麗菜，加上買方手續費一・五％，拉回行口自己的攤位上拖工搬運費每件二十元，行口通常一件會加到三百到三百五的整數批發。

市場攤商如我，通常會委託北農的代採購司機幫忙買，代採購購買後再請拖工搬運費每件二十元送到發財車上，代購的發財車加上代採購費用，回到攤商時每件為四百元，也就是說我們進貨的成本每公斤是二十元。

高麗菜攤商的成本怎麼算？

你以為這樣就可以賣了嗎？錯！

產地來的原箱高麗菜，都是還沒剝葉的狀態，必須進行整理：剝掉外層粗糙、破損的葉子，分級挑選，確保品質一致。這些過程會讓每箱二十公斤的高麗菜，最終僅剩二十二台斤（約十三公斤）可以販售。

於是，攤商的進貨成本變成：四百元÷二十二台斤＝每台斤十八元

攤商賣每台斤二十四元，毛利約五．二元（毛利率二十．八％），每顆高麗菜約兩斤，等於一顆只賺十元。如果想賺到時薪一百九十元，攤商得每小時賣掉十九顆高麗菜才行！

而且這還是不考慮：

- 市場攤位租金、水電成本。
- 同業削價競爭的影響。
- 結帳去零頭、送贈品的損失。
- 沒賣完的高麗菜報廢損耗。

所以，當你看到市場外的獨立菜攤賣到每台斤四十到五十元，其實這樣的價格是合理的，因為他們沒有公有市場的優勢，還得支付更高的租金與物流費。

一箱「空氣」也要賣二十公斤？

回到開頭的問題，如果高麗菜箱子裡根本沒有菜，為什麼一公斤還是要賣你二十元？因為這

二十元，就是從產地到市場的運輸與各種費用：

- 產地農民實拿每公斤七元。
- 產地行口、運輸、手續費、拍賣行口費用等每公斤十三元。

所以，你在市場看到的一斤二十四元，其中物流與產業鏈的成本占了一半十二元，而真正的攤商利潤只有五元！

你買的不只是高麗菜，還是無數人的生計

消費者常常以為「菜農賣每公斤十元，攤商賣每台斤五十元，這中間的價差如此之大，一定有人在剝削！」但真相是，每個環節的加價，都是對應的服務與成本：

- 農民辛苦種植，面對氣候風險，收成後還得想辦法賣出好價錢。
- 產地代辦負責收購、包裝、運輸，確保蔬菜能夠順利進入市場。
- 拍賣場及行口負責市場供應調節，避免價格過度波動。
- 菜販負責最後一哩路，把乾淨的蔬菜送到你手上，並承擔銷售風險。

你買的不只是高麗菜，而是整條供應鏈上無數人的生計，這不只是食物，更是一條產業鏈上無數人日夜努力的成果。

當你在市場砍價時，請記得，這二十四元的價格，背後是無數雙手努力的結果。下次走進市場，如果看到高麗菜二十四元一斤，不要再驚訝「怎麼這麼貴？」，請不要輕易認定攤商是奸商，因為我們賣一顆高麗菜只賺十元呀！

PART 2 MELONS

瓜果

★ 雪白蠟質果粉

⚠ 瓜肉泛黃

NO.1 冬瓜

天氣一變熱，冬瓜便開始在菜市場出沒，自助餐的菜檯也隨季節更迭，多了一格紅燒冬瓜和撈不太到冬瓜的冬瓜湯。明明是春夏收成的瓜，卻被稱為冬瓜。據說是因為當冬瓜成熟時，表面會有一層冰屬性的白色果粉，就像中了Elsa的冰魔法一樣。也有個簡單的說法，此瓜夏天不切，直接可以放到過冬。

產季 3～6月

那個表面那層白色的粉到底是……

很多少婦會問我，冬瓜外皮上的白色果粉到底是不是農藥，要不要洗掉再能煮？其實這層蠟質的果粉代表植株健康，能夠封住冬瓜表面，達到保護作用，進而降低病蟲害的入侵，同時減少水分揮發。讓放了三個月的冬瓜就好像敷了保溼面膜一樣，三個月如一日的抗氧化，不信的話，不妨試試看。

冬瓜也分公母？

以前老爸跟我說冬瓜有分公的、母的，我都覺得一定是他又在畫老虎和蘭花，簡稱「畫虎羼」(uē-hóo-lān)，結果一查還眞的有這說法，所以今天換我來說，到底冬瓜怎麼分公母呢？從切面來看，你會發現：

- 母冬瓜的果肉內心空間比較大，肉質鬆軟適合烹調。
- 公冬瓜的果肉間較少空間，肉質較緊實，常被用於熬煮冬瓜糖。

冬瓜茶眞的是冬瓜本人做的

很多人不知道冬瓜茶是眞的冬瓜熬糖製成的，畢竟跟煮湯的味道連不起來。更多人不知道的是，冬瓜茶是台灣的本土茶飲，歷史已經超過百年，如果有加入聯合國，絕對是可以申請非物質文化遺產的存在啊！

冬瓜同時也是減肥的好食材，營養豐富維生素跟礦物質都不少，重要的是熱量超級低，不管是吃瘦身，還是吃健身，或單純吃美味，都趕緊筆記起來！

POINT 冬瓜 tang-kue　挑選原則

1. 瓜肉要白皙要厚實。
2. 表皮不能有皺痕軟塌。
3. 瓜肉泛黃的不要挑。
4. 公母都沒差，都什麼年代了。

● 母冬瓜(有氣室)　● 公冬瓜(無氣室)。

No.2

大黃瓜

外箱上印著胡瓜，菜市場都管它叫「刺瓜仔」（tshì-kue-á），是一種幾乎一年四季都看得到的食材，而且價格幾乎不太有什麼漲幅，是調節菜金時期的好幫手，更是自助餐與便當店的配菜好夥伴。

產季 3 ～ 11 月

名字一牛車的大黃瓜

黃瓜是葫蘆科黃瓜屬的作物，又分大黃瓜、小黃瓜，瓜皮上面都有刺狀突起物，所以又被叫作刺瓜，開箱新鮮貨的時候要格外小心，一個不小心就會像被電到一般。

漢朝張騫出西域的時候，帶回來了許多時尚的異國食材，這些食材被冠上了代表西域的「胡」，像胡蒜（大蒜）、胡豆（蠶豆），還有胡瓜（黃瓜）。

爲什麼胡瓜變成了黃瓜，是到魏晉南北朝時期，後趙的開國皇帝石勒不滿自己被貶稱胡人，下令語言及文書都不能出現「胡」，百姓只好改「胡瓜」叫「黃瓜」，這大概就是最早被和諧的記錄了。

明明是綠色的，爲什麼叫大黃瓜

大黃瓜完全熟化時，表皮會變成黃色，果肉會變得異常塌軟，裡面的籽也會變大、變硬，吃起來口感不好，挖掉又很浪費，所以我們食用的時候，更喜歡它還沒熟透的狀態。

大黃瓜分成兩種：「青皮青肉」與「青皮白肉」，外觀看起來都差不多，內行的資深少婦都會問是不是青肉的，因爲吃起來比較脆、比較清甜，喜歡大火快炒的特別適合這一種。而青皮白肉吃起來水水，比較軟爛，口感更適合給家中的老人小孩。

低熱量又高纖的高飽足感蔬菜

大黃瓜含有抗炎成分與抗氧化成分，水分高達九十%，口感清脆、含醣量低，更重要的是含有「丙醇二酸」，可以抑制醣類轉化脂肪，趕緊手刀買起來！

POINT 刺瓜仔 tshì-kue-á　挑選原則

1. 筆直且不要腰身曲線。
2. 拿起來硬朗有彈性。
3. 表面有果粉的佳。
4. 果皮觸感要帶點刺的較為新鮮。

● 左：白肉刺瓜 ● 右：青肉刺瓜。

NO.3

小黃瓜

★ 屁股有花最新鮮
★ 有小刺
⚠ 過軟

颱風季節菜金菜銀，連小黃瓜都站上七十元了，直接嚇到少婦吃手手。不過這位太太很有意思，她說要買「龜阿泥」，啊！是「瓜仔哖」（kue-á-nî），太久沒聽到，差點反應不過來！

產季 3～11 月

你不認識的小黃瓜

小黃瓜在市場的外箱上印著「花胡瓜」，新鮮的小黃瓜屁股後面還掛著花，也有人簡稱「花瓜」，資深的少婦念作「瓜仔哖」（kue-á-nî），而這些統統指向是同一種蔬菜，也就是我們常說的小黃瓜。

小黃瓜長大就是大黃瓜嗎？

這個問題是也不是。二、三十年前，農夫會在瓜藤上疏果，一藤通常只留一顆瓜，其他的分支二瓜、三瓜、呆瓜都會先採收下來，爲了不浪費食物，統統拿到市場販售，也就是小黃瓜的前身，跟早期鄉下送養小孩一樣的概念。

留下來的哥哥會繼續長大成大黃瓜，這是一種嫡長子制度的蔬菜，同樣是採長男制度的還有玉米和玉米筍。不過這個陋習太不人道，目前已經有專門培育出產小黃瓜的種藤了。現代農夫就是爲了收成小黃瓜而種小黃瓜，如果小黃瓜太晚採收，只會變成很大的小黃瓜。畢竟不是長男，所以不能叫大黃瓜了！

小黃瓜的美顏傳說

早期的八點檔、偶像劇偶爾會出現太太拿切片的小黃瓜來敷臉，因爲小黃瓜含有豐富的營養成分，維生素C、K、鎂、鉀、錳、β-胡蘿蔔素，一樣都沒少，更重要的是，每一百克裡就有九十六克的水分，根本是植物瓜皮做成的瓶裝水，而且才十三大卡的熱量，是能夠上「負卡路里食物」榜單中的神物啊！

POINT 瓜仔哖 kue-á-nî　挑選原則

1. 筆直且不要腰身曲線。
2. 微硬口感較為清脆，不要有矽膠感。
3. 屁股帶著黃花最新鮮。
4. 表面要有果粉，觸感要帶點刺，有顆粒感的較為新鮮。

● 上：冰一日 ● 下：當日。

NO.4

櫛瓜

★ 蒂頭有毛

⚠ 蒂頭轉黃

⚠ 軟爛塌陷

最近看到好多少婦在討論櫛瓜，有一斤一百多塊價格，也有一整箱一百五的價差。這是近年來超時尚的蔬菜之一，在傳統市場卻不怎麼受歡迎，資深少婦像是被施了遮眼咒，常常略過這個長得像太小的刺瓜，長得太大的小黃瓜。

產季 9 ～ 4 月

南瓜家族中的瘦子

在台灣以外的櫛瓜，通常被稱爲西葫蘆，吃起來沒有胡瓜的生青味，煮起來口感像茄子，入口卻像水梨一樣爆汁。

櫛瓜又名夏南瓜，從星狀且乾燥的蒂頭就可以看出南瓜的影子。雖然是南瓜家族的一員，卻和家族格格不入，全家都胖就他一個瘦子，體內完全不含澱粉，低GI又高纖，就像挺著A4腰的大胃王紙片人一樣討厭。

櫛瓜神奇的開掛滿檔屬性，有抗氧化成分，又有滿滿的維生素、礦物質群。九十五%的水含量，表示你花的錢只買到五%的營養，其他買的是水，難怪在健身圈、瘦身圈成了大熱門，同時是吃貨圈隔天的消業障神物。

遇到惱人的苦味怎麼辦？

要去除苦味，要先了解苦味的來源。櫛瓜的苦是來自瓜類最常出現的葫蘆素，這是爲了自我防禦而產生的物質，能讓哺乳類腸胃不適、腹瀉……，進而拒食。但是微量的葫蘆素對人體影響不大，如果入口覺得超苦，舌頭或嘴唇又覺得麻麻的就建議不要食用了！

影響葫蘆素的多寡因素有很多，長得太熟、施肥、日照、灌溉等問題都會影響，單純從外觀很難判斷含量的多寡。最簡單的方式是不要選熟過頭的櫛瓜，像是太過巨大、葫蘆腰、瓜身轉黃。也可以從料理時下手，蒂頭跟果皮的葫蘆素含量最多，所以多切一些蒂頭，果皮也可以削掉，都可以有效減少苦味喔！

POINT 櫛瓜　挑選原則

1. 外皮光滑有光澤，無外傷。
2. 15至20公分長度最佳，盡量筆直，太大會太老。
3. 瓜體要硬朗，不能軟塌。
4. 蒂頭要乾燥。

● 左：小黃瓜 ● 中間：櫛瓜 ● 右：大黃瓜。

NO.5

蒲瓜

「瓠瓜」、「蒲瓜」、「匏瓜」都是葫蘆的別名，同時也代表它們不太一樣的外貌，中直筒長形稱為「瓠」；全身胖的圓鼓鼓叫「匏」；頭瘦卻水桶腰的稱「扁蒲」，而瘦腰身的就叫「葫蘆」，這些型態比超人力霸王還多種，但是菜市場統一寫成「蒲仔」（pû-á）。

★ 瓜藤越粗越好

★ 絨毛＝新鮮

★ 屁股有花是新鮮

產季 5～10月

葫蘆裡到底賣什麼藥

古時候藥品的保存不易，放在陶罐木箱的，不便攜帶且都容易受潮，唯有放在密封性高的葫蘆裡，才能保持藥物的乾燥。郎中走訪鄰里到府治病時，總會把藥丸子裝在葫蘆裡，藥葫蘆就成了醫師開業的標準配備。

葫蘆同時是最早的天然水壺，當然也用來裝酒，就是濟公別在腰間的那個。在道家也成了重要的法器，用來裝丹藥、收妖、風水避邪擋煞。《西遊記》中金角大王的金葫蘆也是這個概念，是連孫悟空都可以吸進去的神器！

蒲瓜食用和保存的小祕訣

新鮮的蒲瓜富含多種礦物質以及維生素和豐富的膳食纖維，同時含有較多的胡蘿蔔素，常見的料理方式有大火快炒，也用來煮湯。日本喜歡做成蒲瓜乾，用在壽司捲上，也能燉菜或是涼拌，被視爲養生、瘦身的健康聖品。

大多數的瓜切開後都會有氧化的問題，輕微的慢慢變黃，不賞臉的直接黑化，建議一餐煮完，如果煮半顆剩半顆，一定要用保鮮膜貼緊，避免和空氣接觸氧化，再放進冰箱。

POINT 匏仔 pû-á　挑選原則

1. 藤越粗越好。
2. 腰身曲線不要太凸，籽才會細。
3. 屁股花越黃，越新鮮越嫩。
4. 表面帶有絨毛佳。

● 左：粗藤 ● 右：細藤。

No.6

絲瓜

本篇主角是諺語中「種瓠仔生菜瓜」的主角，是原產於印度的葫蘆科植物「絲瓜」，俗稱「菜瓜」（tshài-kue），也是古早菜瓜布的原物料。

產季5～8月

古人洗澡的大智慧

看過了這麼多的古裝劇，你知道古人洗澡怎麼去角質的嗎？當時只有皇親國戚或是沒事蒙眼追蝴蝶的員外老爺，才用得起布匹來擦澡。一般的平民只有兩大神器，一個就是菜瓜布，一個是玉米梗。因爲菜瓜的纖維立體結構，能夠讓空氣流通乾燥，比起其他清潔用品，更不易發霉孳生細菌，所以比玉米梗心更受喜愛。下次買到太老的絲瓜，別急著傷心，乾脆曬乾拿來擦澡吧！

阿媽級的保養品——絲瓜水

絲瓜曬乾是菜瓜布，絲瓜本身也是美容界的老前輩，含有抗皮膚老化的維他命B群，美白的維他命C，能夠淡斑又護膚。早期菜市場都會有農家自己裝絲瓜水來賣，是阿媽時代的最佳保養品，大概跟當兵掃廁所必備的明星花露水同樣夯。隨著時代的變遷，大家都去擦SXII了，漸漸的絲瓜水也在凋零，十多年前也成了絕響。

瞬間黑化怎麼破

美味的絲瓜最惱人的就是容易變黑，即使煮起來再怎麼絲滑甜口，偏黑的果肉看起來賣相就是差一截！還好變黑通常都是氧化反應，煮之前就可以預防，先把前置作業都準備好，最後要炒菜前，再把絲瓜削皮切片下鍋。煮的過程中用大量的油脂包覆，就可以有效阻隔氧化反應，先別說什麼健康問題，盤子被舔個精光才是硬道理啊！

POINT 菜瓜 tshài-kue　挑選原則

1. 整體不要有腰身，直筒腰最好。
2. 表面要有點粗糙感。
3. 蒂頭要粗，能多粗挑多粗。
4. 屁股要有花萼感，越像花越嫩。
5. 重量越重越好，拿起來輕輕的表示已經結籽了。

● 彎曲＜直筒。

NO.7

南瓜

在菜市場裡說的金瓜，其實就是南瓜，因為裡面的果肉黃澄澄的，跟黃金一樣喜氣，所以就叫金瓜！

★ 蒂頭乾燥

★ 霧霧果粉

產季 3 ～ 10 月

千奇百怪的南瓜外貌

南瓜是葫蘆科的南瓜屬，因此有葫蘆狀的「東洋南瓜」，這是台灣攤販上常看到的樣貌，吃起來比較Q軟，適合炒菜，做成金瓜米粉，也可以做嬰兒食品。西方電影常見的萬聖節南瓜燈、灰姑娘的南瓜馬車，叫作「西洋南瓜」，或栗子南瓜、東昇南瓜，因爲甜度較高，所以適合做南瓜派、南瓜湯等。

一個價錢兩種蔬菜

南瓜營養豐富，屬於全穀雜糧類，金澄澄的表示富含β1胡蘿蔔素，還含有菸鹼酸、葉酸等。更重要的是屬於高纖澱粉食物，所以幫助排便，還可以增加飽足感。

南瓜內的南瓜籽屬於堅果類，油脂比例高，滿滿的不飽和脂肪酸、滿滿維生素E，還富含鎂、鋅、鐵等，所以常常在保健食品中看到用南瓜籽補充鋅。一般居家料理都會直接取肉，丟棄南瓜籽，其實用清水洗淨，隨個人喜好加點油、香料、鹽巴等等，進烤箱兩百度十五分鐘，輕鬆省下一筆保健食品的錢！

切記！選老不選嫩

南瓜最常被客人問的是裡面會不會鬆，也就是煮不煮得軟。大部分的蔬菜都是要挑嫩口的，南瓜不同的是必須要挑老的，這個老不是指放很久的老，而是南瓜完全的成熟後才採收的老。

熟透的南瓜有一個很好辨別的特徵，表面有果粉，白蒼蒼的看一眼就知道，而且超級耐放不用冰，常溫下可以放二到三個月喔！

POINT　金瓜 kim-kue　挑選原則

1. 要有蒂頭，且呈現乾燥無水分狀態，瓜面硬朗。
2. 表面帶有果粉的表示成熟。
3. 表面不要有坑洞凹陷。
4. 拿起來要比看起來重。

● 蒂頭乾黃＞蒂頭鮮綠。

No.8

佛手瓜

★十指合掌

⚠發芽

這是一個擁有雙屬性的蔬果，是蔬菜，同時也是水果，果藤是龍鬚菜，外觀看起來有時像芭樂，有時看起來真的像佛手，像極了愛情。

產季3～4月

佛手瓜、佛手柑傻傻分不清楚

佛手瓜是一種葫蘆科的植物，和蒲瓜、絲瓜、苦瓜、南瓜都是親戚，很多人會將佛手瓜和柑橘屬的佛手柑搞混，雖然都叫佛手，外觀還是有很大的不同。佛手柑比較像觀世音菩薩的蓮花指，佛手瓜比較像是問訊時的合掌狀，但都被認爲是有福分的植物。

離譜的傳說

故事相傳發生在中國安徽鳳陽，當地因爲生活富足而導致鳳陽人奢侈鋪張浪費。於是觀音菩薩化作美女下凡，揚言誰可以將金銀拋到她身上，她就嫁給誰。結果整個鳳陽的金銀都丟光了，也沒人能抱得美人歸，鳳陽人開始貧困了起來。仙界高富帥呂洞賓擔心再這樣下去百姓都要餓死了，於是喬裝平民丟出一錠銀子，終於丟中了美女的手上，沒想到美女割下雙手，和呂洞賓一同化作白煙消散，而割下來的雙手也飛向樹上化成了佛手瓜果，這就是最早「美顏變臉直播打賞」的故事了！

佛手瓜可以吃嗎？怎麼吃？

懂得吃佛手瓜的人不多，連我們在菜市場隨手可得，都鮮少買回家煮。其實佛手瓜的口感清脆，果肉炒起來有點像蒲瓜，吃起來有一絲絲的清甜感，許多少婦因爲不知道怎麼料理，只能做點頭之交、相敬如賓。

其實簡單加入蝦米、爆蒜，快炒一波，加入蛋、絞肉、蝦仁……都是很好的組合，厚工一點的會再佐鹹蛋黃快炒，買到瓜肉太老的也不擔心，切塊燉排骨湯，喝起來也十分清爽，也常常用在素湯中，不妨帶回家試試。

POINT 香櫞瓜 hiunn-înn-kue 挑選原則

1. 外觀光滑有光澤，不要變黃、水傷。
2. 果肉硬朗，飽滿充實。
3. 拿起來比看起來重的好，越重越好。
4. 淡淡清香的正常，有發酵味或酒味的不要挑。

● 翠綠＞泛黃。

No.9 青木瓜

選購青木瓜時，有人客問要買圓的好，還是長條型的好。形狀和性別有關，木瓜有三種性別，長的是兩性果，就是我們常吃的木瓜；圓滾滾的是雌果，但是肉很薄不划算。而雄果的果實太小，所以也沒什麼人吃。

★ 正在轉大人的青木瓜

★ 表面乳汁是木瓜酵素

⚠ 蒂頭轉黃

產季 6～10月

青木瓜跟木瓜到底是什麼關係？

青木瓜是還沒成熟的未成年，這時候的纖維質含量高，甜度很低，但是木瓜酵素的含量超高，慢慢成熟之後就是木瓜。轉大人之後，纖維感沒了，甜度越來越高，木瓜酵素含量變低，從甜度來看青木瓜歸類在蔬菜，而木瓜是水果。

木瓜最肥美的時節是春夏兩季，但是在南部夠熱的地方，幾乎全年都能產，畢竟泰式涼拌青木瓜絲的好吃必須全年都賣！所以四季都可以買到品質不錯的青木瓜。

到底木瓜能不能豐胸呢？

木瓜本身富含維生素、胡蘿蔔素、茄紅素，所以有個不得了的名字叫「萬壽果」，這種冒著被皇上砍頭的取名，就知道有多營養了！

所以木瓜真的能豐胸嗎？這個功效要能夠發動有幾個前提，其中木瓜酵素扮演重要角色。木瓜酵素也就是木瓜蛋白酶，有另外一個大家更熟悉的名字「嫩肉粉」（嫩肉精），能有效將蛋白質、脂肪分解成小分子，更利於吸收。

少女青春期時，本來就需要大量的蛋白質，這時候如果每天補充木瓜牛奶、青木瓜燉排骨湯，或是泰式涼拌青木瓜絲，再配點優質蛋白質，根本就贏在起跑點啊！

婚後豐胸不是少婦追求的目標，但木瓜能夠幫助每日順利地排宿便、降血壓、防骨鬆，然後小孩不吵鬧、老公會自己去洗碗，才是美好的一天啊！

POINT 青木瓜 tshenn-bo̍k-kue 挑選原則

1. 蒂頭要青綠，兩側按壓要硬，如果軟軟的就要放到變成木瓜了。
2. 果皮不要泛黃、色斑。
3. 越沉越重的越好。

● 產地來的青木瓜。

NO.10

苦瓜

在苦瓜盛產的季節，品項越發漂亮，一斤不用一個五十元金幣了！但這是一種不存在少婦購買清單的蔬菜，每十個年輕媽媽就有十個家庭不吃苦瓜，是懂吃苦的資深少婦，才會提袋購買的蔬果！

★ 苦瓜囊刮乾淨

⚠ 成熟籽轉紅

產季 10～5月

這些年白吃的苦

苦瓜的苦來自所含的「苦瓜素」和「苦瓜鹼」，苦瓜鹼是瘦身的好東西，可以有效阻止脂肪吸收，所以越苦越好啊！而且這個苦還不會染指其他同煮的配菜，所以也贏得君子菜的美名，跟蓋棉被純聊天同個概念呢！

很多菜市場傳說指出吃苦瓜會降血糖，讓一群長輩趨之若鶩的用力吃，甚至會煮苦瓜水（湯）來喝。但是有效的成分是苦瓜胜肽，是從苦瓜萃取出來的沒錯，不過含量最高的部分是在苦瓜籽啊！所以想要自己提煉的少婦，記得拿籽去熬湯才有用喔！

苦瓜有著「瓜中之王」美稱，維生素C在瓜類排行第一，是等量番茄的七倍、蘋果的十七倍，絕對是比小黃瓜更值得敷臉，讓你實現眞正的苦瓜臉的存在。

怕苦的跟著這樣做

怕苦的少婦們，可以把苦瓜內膜刮乾淨些，就是苦瓜籽與肉之間的白色泡棉般的東西。也有人會把苦瓜切片後浸泡冷水，或是用開水燙過再炒，大量的油脂也能降低苦味，像苦瓜鑲肉就是一個很好的組合。或是將苦瓜切片與鹹蛋一起拌炒，讓苦瓜裹上厚厚一層鹹甜，都能夠有效的降低苦味。

苦瓜屬於是市場瀕危的蔬菜，可能五年十年之後就會從食譜上除名，因爲少婦們鮮少購買，市場就會降低產量。懇請少婦背負著延續苦瓜菜餚的使命，多多購買苦瓜啊！

POINT 苦瓜 khóo-kue　挑選原則

1. 表面光滑，顆粒越大越好，越大肉越厚。
2. 有點青，越白越新鮮，越黃表示越熟，等到表面出水了表示熟過頭，籽會變紅色。
3. 按壓要有堅硬感，越塌軟越熟。

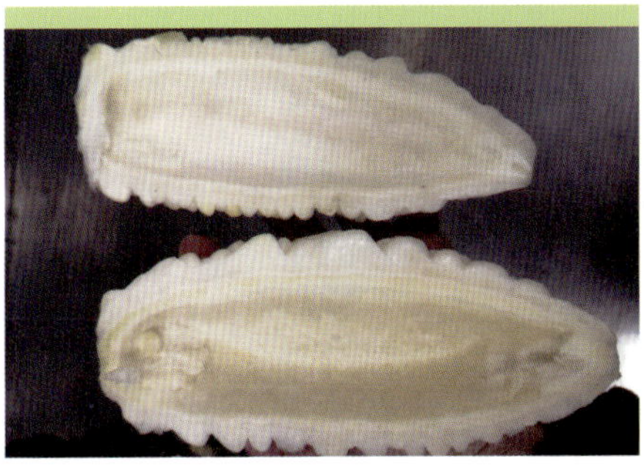

● 下：米粒大 = 肉厚　● 上：米粒小 = 肉薄。

No.11

青苦瓜

★ 翠綠苦瓜(長條)

★ 山苦瓜(小顆)

⚠ 果粒凹陷

我曾跟著馬來西亞來的師父吃飯，飯間點了「梅乾菜滷苦瓜」，師父十分震驚，為什麼台灣苦瓜是白色的，他說馬來西亞全都是綠色的苦瓜。沒錯！全世界的主流都是青苦瓜，只有台灣逆著潮流，全島吃出白苦瓜的天，甚至還輸出白苦瓜，試圖改變世界。

產季 10～5月

青苦瓜跟山苦瓜是一樣的嗎？

在綠色的苦瓜界中，其實也有很多品種，最常見的是像白苦瓜一樣的外觀，只是滴上了草綠色的青苦瓜。青苦瓜的米粒很大，通常用來做涼拌，也有生機飲食族群用來打果汁喝。而山苦瓜很好辨別，米粒特別小顆，通常果實也不大超過一個手掌，巨苦無比。指定要買的，客人通常都是燉湯吃降血糖的，一大鍋熬起來裝寶特瓶放冰箱。

還有一種米粒十分小顆的翠綠苦瓜，跟一般苦瓜一樣長條狀，顏色是超級深綠的綠，菜市場都叫它大條的山苦瓜，一般餐廳喜歡用在熱炒上，拌點鹹蛋黃十分好吃。

青苦瓜比較退火嗎？

苦瓜原本生長在熱帶地區，有著涼瓜之稱，清熱、退火、解毒，是在賣現打果汁的標語。對，東南亞真的很流行路邊賣苦瓜汁，時不時就要提醒大家來上一杯。跟早期路邊小販賣的苦茶一樣，那種沖上頭的苦滋味，什麼火氣都消了！除了退火外，也能讓你順順暢暢，因爲膳食纖維是白苦瓜的三倍喔！

苦瓜的苦味排行

現代人的飲食習慣改變，連帶著選育種植的苦瓜越來越不苦，越來越多果肉而且更清甜，也就是說越原始的品種，自然就會是越苦的苦瓜，所以排序就會得到：山苦瓜（小顆）⬇山苦瓜（長條）⬇青苦瓜⬇白苦瓜。苦瓜中苦味來源之一是苦瓜素，越苦的含量自然就越高，山苦瓜理所當然的排名第一。

POINT

青苦瓜 tshenn-khóo-kue 挑選原則

1. 苦瓜上的果粒飽滿，不要缺水凹陷。
2. 跟白苦瓜一樣越熟越黃。
3. 按壓要有堅硬感，越塌軟越熟。

NO.12

玉米

★根部切口要白

⚠乾扁脫水

⚠注意房客

玉米也稱為「番麥」、「玉蜀黍」、「包穀」，看到前面掛了「番」，就知道這是舶來品，玉米是每年中秋節的熱銷食材，不是蔬菜，卻常被誤認為「金色蔬菜」。正確的說法，應該是金黃色的「澱粉」糧食，是世界三大糧食作物，種植面積和產量僅次於稻米和小麥。

產季9～5月

農藥眞的很多？

常看到網路謠言說：「玉米農藥打很多，不要多吃。」還有說法是農藥會滴在玉米心，所以千萬不要對著吸。這根本就是剝奪身而爲人，喝玉米湯、吃涮涮鍋，最後用手拿著玉米塊吸湯的基本人權啊！

我可以很負責的跟各位說：「台灣玉米沒有農藥超標問題！」根據二〇二〇年農糧署及農業藥物毒物試驗所編印的年度抽樣檢驗報告中，一百三十四件玉米抽樣全數百分之百合格。

烤玉米，你是哪一派？

中秋烤肉通常會用甜玉米（黃玉米），加一塊奶油，用鋁箔紙包起來，放在烤肉網邊慢慢滾動，等大家忙完，不知道要烤什麼的時候，玉米大概也就烱好了，是省力又對小朋友胃的做法。

如果厚工一點，想做成市售的燒番麥，那就要選整枝白白的土玉米了，口感比較有嚼勁。不過因爲土玉米排列不均勻，外觀不怎麼好看，產量也不穩定，所以種的人少了。現在的人更喜歡QQ糯糯的口感，所以糯米玉米就成了主流派系。

玉米怎麼煮才會甜

好吃的玉米從選材開始就決定勝負了，喜歡甜玉米，可以買黃玉米、水果玉米、牛奶玉米，煮出來的玉米都不會讓你失望。其次是新鮮度，越新鮮的玉米越甜，採收後的玉米粒中，葡萄糖會慢慢轉換成澱粉，甜度會越來越低，就算冰著也一樣會變低。

最後才是料理的手法，好吃的玉米用水煮就很好吃了，冷水玉米就下鍋，華麗的撒點鹽，用量看手感決定，水滾個七至十分鐘後就馬上撈起來。切記！不要一直泡在水裡，這樣甜度也會流失喔！

POINT

番麥 huan-bé̍h　挑選原則

1. 根部切口要白，不能黑心。
2. 外葉要綠，越綠越新鮮。
3. 果粒要飽滿完整，不要缺米，不要凹陷。
4. 玉米蒂頭不要有黑孔洞，極可能裡面有蟲。

常見的玉米種類比一比

黃玉米

外表是金黃色的，因爲葉黃素與胡蘿蔔素、玉米黃質等含量較高，所以對眼睛有較高的營養價值。

黑糯玉米

外表呈現黝黑的紫色，因爲超高的花青素含量，甚至在料理時，還會染色鍋具，常被誤會是否爲人爲染色玉米。

白龍王（牛奶玉米）

甜度高達十八，甜而脆口，是在台灣種植的日本北海道品種，可以直接生吃。

水果玉米（黃白相間）

甜度高達十七，已經到了水果的等級了，所以也有水果玉米的封號。

糯米玉米（紫色相間）

口感綿密，因澱粉含量高，類似糯米口感而得名，紫色的顆粒含有花青素。

NO.13

玉米筍

有人稱它為小玉米、珍珠筍，雖然有個筍字，但和竹筍壓根沒有關係。玉米筍外觀尖尖、嬌嫩嬌嫩的，就像剛出生的幼苗一樣。同樣以筍為名，用來形容幼嫩的，還有蘆筍、茭白筍和碧玉筍。

產季一年四季

嫡長子制度下的產物

玉米筍的確是玉米的小時候，最大的差別在於玉米筍是蔬菜，長大後的玉米就成了五穀雜糧，跟我一樣，越大澱粉含量越高、越不討喜呢！玉米筍跟玉米是同一植株上的產物，和黃瓜家庭一樣，有著嫡長子制的傳統，長子繼承家業成爲玉米，其他的幼苗就趁小被賣出去。

時代在變，玉米筍的市場需求提高，於是農民發展出專門生產玉米筍的品種，造就了人人都是小兒子的體系，不再是一家獨大的嫡長子繼承制。

玉米筍的包裝階級知多少

在傳統菜市場，玉米筍大致分成幾個產品線，常見的台灣帶殼玉米筍，有一箱箱倒地上讓人家揀的選物店，可以享受一根兩塊、三塊自由配的樂趣。也有一包一包處理好去頭尾的玉米筍，一包只有十多根卻要賣六十元以上。

關於這點，玉米攤老闆無奈解釋道，能夠倒在地上讓你揀的，通常都是飼料用玉米收下來的，有時會有紙牌寫不撒農藥的有機筍，但玉米筍收成根本不需要農藥。

而一包一包整理好的是黃鬚玉米筍，多半都是黃玉米、水果玉米、糯米玉米的幼仔，除了成本比較高外，甜度跟水分自然都會比較高。不過近年也有農民專門種植紅鬚玉米筍，目前甜度也不比黃鬚差了！

還有另一種是用保麗龍加熱縮膜包裝的進口玉米筍，最大宗來自泰國，其次還有越南、美國，因爲台灣人愛吃玉米筍，但每株玉米長出來的筍只有三至四根，一盒保麗龍盒就要採收三四株玉米才能湊齊，國內自種的產量遠遠不夠需求，所以需要超大量的進口來補足市場。

不過台灣的超市有時也會要求本地產的玉米筍用保麗龍包裝，原因在於體積較小，不占貨架，消費者也不用處理龐大的廚餘。

傳統市場選物店

保麗龍加熱縮膜包裝

和玉米一樣被誤解

常在各大社團的玉米筍料理中，都會有農藥魔人表示：「聽說農藥很多，謹慎食用。」不管是菜市場賣四十年的玉米攤，種了二十年玉米的農友，都強調玉米筍期根本就不需要打農藥，甚至是少數報告全數合格的蔬菜啊！

最好吃的料理方式

至於怎麼煮最好呢？可以學學快炒店大火翻炒，或用濃縮再濃縮的帶殼烤肉法！

我們家習慣水煮給小孩吃的，沒什麼烹調技巧，水滾加點鹽（隨喜），當天買回後帶殼水煮八分鐘，就可以得到帶點青草澀味（牧草心的那種風味）的玉米筍，不喜歡的可以多滾兩分鐘，甜度會差一些就是了。

教會小孩子剝一個之後，整盤塞給他，就可以得到半小時的安寧。因爲玉米筍採收後，還是會持續地長大，玉米心越來越粗老，甜度越來越差，所以要儘早食用，不吃也要先煮起來殺青處理喔！

POINT 番麥筍 huan-be̍h-sún 挑選原則

1. 帶殼的玉米筍外觀不要枯黃，帶點青綠色佳。
2. 玉米鬚不要像燙壞的頭髮，需要溼潤滑順。
3. 玉米筍摸起來頭尾要適中，體型要剛好，過小就沒有肉，長七至十公分最佳，再高就太老了。

● 上：肉多 ● 下：肉少。

NO.14

花椰菜

⚠左：白梗 右：青梗

⚠素食注意

⚠寒流凍傷會變紫

少婦們常問的花椰菜開始正常供貨了，也叫白花菜、菜花，顧名思義就是像花一樣的菜。上面白花花的部分就是花椰菜的花球，是朵十分巨大的花無誤，用來求婚或當婚禮捧花最合適不過了，因為它代表的花語是「一世安康」，根本就是霸道總裁語錄會出現的台詞，比男人的嘴更會哄女孩子啊！

產季8～3月

往韓系花美男發展的蔬菜

白花椰菜是十字花科一族，而且是甘藍一脈的成員，血緣來說更接近高麗菜，同個祖先，外觀卻不一樣，直接往瘦、長、高發展，甚至還燙了個時髦的蓬鬆髮型。

青梗與白梗，都幾？

在市場少婦挑菜時最常問，「這顆會軟嗎？煮得爛嗎？」其實煮不煮得軟，最重要在於品種，市場常見的白花菜分成：

- **青梗：**梗呈現青色，較細且有彈性，自然煮起來不用太久就很嫩口爽脆。
- **白梗：**梗呈現白色，水分少也較粗硬，需要燉煮久炒，入口較軟爛鬆散無嚼勁，適合牙口不好的老人家和幼兒食用。

市場上看到的白花椰菜，有時候會整朵花球偏黃，這可不是放太久、不新鮮喔！一來是品種，再者也跟日曬有關係，所以也常看到白花椰菜包著白色的描圖紙，以減少日曬造成的黃化。

有時也會看到局部紫紫的白花椰菜，別擔心，這個不是家暴造成的瘀青，而是成熟過程中遇到低溫所造成的，特別容易發生在冬天十度以下的寒流，但完全不影響食用喔！

農藥、蟲蟲危機怎麼解決

人人皆知蔬菜要用流動水清洗，但是遇到花椰菜這個奇形怪狀，整朵花還上了天然蠟防水的，還真的不知道怎麼下手。這裡建議先分切成要料理的大小，再用流水清洗，可以讓水流更大面積接觸花體，順帶可以解決擾人的蟲蟲問題。

切小塊後，使用長毛刷，或是抗敏感型牙刷那種軟刷，清潔每一個花面下的細節。記得！你的努力，決定食材的葷素，與少婦們共勉之。

POINT

花菜 hue-tshài 挑選原則

1. 花面緊實不鬆散，不要泛黃、不要黑損。
2. 葉子新鮮翠綠，不要枯黃。
3. 梗底切面新鮮不要過黑，可看氧化程度：白⬇黃⬇黑。

No.15 青花菜

每逢台灣產的青花菜大出時，開箱連一隻蟲子也沒有，理貨都不用翹小拇指了，舒服。青花菜也叫青花椰菜，台語則念「青菜花」。離開台灣，則多稱為「西蘭花」（這個就別念台語了）。

產季 10～4月

其實比花椰菜晚來台灣

青花菜是二戰結束後，美國救濟台灣物資中的一種，所以當時也有個微妙的名字叫「美國菜花」。跟白花椰菜一樣都是甘藍的變異種，只是白花椰菜的花還沒成熟，但青花菜是已經成熟的花蕊。

一般台灣本地的青花菜的產期是十月到三月，四月至九月就會有進口的青花菜。兩者其實差異不大，但是價格就可以分出來，台灣盛產的時價約四十至五十元一斤，也就是一朵只要三十元有找，所以一斤要六十元起跳的進口青花椰就顯得沒有競爭力了！

不小心可能會吃到蛋奶素

跟白花椰菜一樣，洗滌的方式會決定食材的葷素，不洗爲葷的機率很高，畢竟農友都很遵守用藥準則。如果直接整朵下水沖洗，這時分切小朵爲蛋奶素的機率很高，因爲花面容易夾帶蟲卵。正確的方式應該是先沖洗，再切成小瓣後，泡鹽水，再流水沖洗，這樣應該能安享全素了！

POINT 青花 tshinn-hue　　挑選原則

1. 花面翠綠緊實不鬆散，不要泛黃、不要黑損。
2. 梗底切面新鮮不要過黑，氧化程度白>黃。
3. 梗底盡量不要中空有洞。

NO.16 青花筍

★ 花椰菜媽媽

★ 芥蘭菜爸爸

這可是市場季節限定的ＳＳＲ稀有貨，名字雖然有個「筍」字，但和筍子一點關係都沒有，勉強說只有口感有些像竹筍的爽脆。唯獨採收後可以不斷的重複生長約十次，像極了竹筍的採收方式，大概是因為這樣才冠上了「筍」字。

產季 11 ～ 3 月

蔬菜界的跨界戀情

青花筍的臺語發音很像是「親灰筍」，很多少婦都當作青花菜在買，也有人以爲這是還沒長大的青花菜。

青花筍和青花菜是十字花科的範疇，據說相鄰的芥蘭菜與青花菜兩個田地，交界處意外長出一些苗條的青花菜，後來發現是芥蘭菜爸爸越界了，青花菜孕育出了全新的好滋味，成爲只有季節限定的搶手貨。

大家可以看到，青花筍的頭部是圓圓的青花組成，莖部像極了長長的芥菜，表皮一層薄薄的蠟，芥菜的爽脆清甜保留下來，但芥菜的苦澀風味卻不見了，非常犯規的優生學，都只留下好的基因。

優生學的天選之子

青花筍最棒的是它長得像掉髮的青花菜，掉髮有什麼好處呢？就是超容易把蟲洗掉，洗過青花菜的人都知道，流水洗完，梗泡水，還要切小塊後，再洗一次，不然頭髮太密洗不到深處，而青花筍的稀疏髮質剛好可以解決這問題，什麼髒東西都輕輕一撥就乾乾淨淨。深怕吃到葷的少婦，青花筍根本就是聖物！個人強力推薦給茹素、怕蟲、聽蟲就過敏的少婦們。

POINT 青花筍 tshinn-hue-sún 挑選原則

1. 綠花整株完整。
2. 莖部蠟質明顯。
3. 切口處濕潤不乾扁。

上：青花筍 下：芥蘭苔。

NO.17

青椒

現在的少婦越來越內行了，一看到青椒，隨手就問是不是薄殼的，菜市場都叫青椒「大同仔」（tāi-tông-á），我們估價單簡寫「大同」，有些人不喜歡吃起來有股青澀味，特別是像蠟筆小新一樣大的孩子！

★ 薄殼 vs 厚肉

⚠ 過熟

產季 6～9 月

青椒駭人聽聞的身世

青椒其實是茄科辣椒屬的「去勢辣椒」，雖然是植物，但和貓一樣去勢就胖起來，立場直接從鷹派切換成鴿派，陣營轉換後，凶狠的辣度和脾氣都沒有了。

正常的外觀跟辣椒沒啥兩樣，平常看到的青色狀態其實是因爲未成年，難免就會帶點青澀，有時會看到紅紫色的青椒，那就是因爲太晚採收啦！

薄殼種和厚肉種

- **薄殼種：**顧名思義，果肉很薄，呈現青綠色，果形較長，拿起來比看起來輕，大火快炒一下就熟，清脆可口。
- **厚肉種：**果肉厚實，呈現深綠色，果肉摸起來較硬實，相對更耐煮，適合燉煮或是拿來做封肉的容器，吃的時候偶爾會有一層薄膜咬不斷。

江湖傳言青椒也分公母？

從蒂頭看果肉分三瓣的是公青椒，傳言皮較薄適合用來快炒，果肉四瓣的是母青椒，皮肉較厚適合涼拌。不過學理上青椒並無生理上的公母之分，只因爲三瓣的青椒果室籽較少，四瓣的果室籽較多，才被冠上公母之分。

但實際上買的如果是薄殼種，口感相去不遠，千萬別跟老闆挑公青椒，抬頭會發現老闆發動日向家的技能——白眼！

POINT 大同仔 tāi-tông-á　挑選原則

1. 翠綠光滑，表面飽滿有彈性帶有果蠟，擦拭後呈現光澤。
2. 蒂頭判斷採收多久，越萎凋越久，搖晃周圍呈現軟塌。
3. 如果出現翻紅、瘀青狀、凹陷則不要挑選。
4. 表面如果出現皺紋，表示已經開始脫水，不要挑選。

● 左：公青椒（三瓣）● 右：母青椒（四瓣）。

No.18

甜椒

★ 蒂頭新鮮
⚠ 青春期未過
⚠ 脫水皺皺

有少婦私訊問我甜椒，也常有人叫它彩椒，因為顏色很多元，主要分成七個色系：紅、黃、白、黑、藍、橙、綠，聽起來像極了彩虹，所以叫彩椒一點也不為過。

產季 12～5月

所有的彩椒都經歷青椒階段

色系中的紅色跟黃色是最常見到的，黑色跟紫色算一個色盤，而綠色則是另外取了名字叫青椒。有時會出現五色彩椒包裝成一小袋的販售，上面會寫著水果彩椒。

因爲青椒是甜椒未熟的過程，所以口感更顯得青澀些。整個甜椒派系在很早以前就提倡和平宣言，背叛了茄科辣椒屬的組織，放棄辣椒素的武裝，直接爲世界和平在努力，讓甜椒更快速的在全球種植開來！

甜的營養價值更高？

因爲和辣椒是同種，所以有豐富的維生素C，當它是青椒時含有更多的葉綠素，變成紅色甜椒比青椒多了兩倍以上的維生素C，同時轉換成更多的辣椒紅素，紫色甜椒多了花青素，橘色跟黃色甜椒就多了胡蘿蔔素，不吃紅蘿蔔的小孩改吃這個也沒問題！

POINT 甜薟椒 tinn-hiam-tsio 挑選原則

1. 果實要飽滿，果肉要硬朗。
2. 表皮不要皺褶、坑洞、水傷。
3. 蒂頭不要乾扁。
4. 果肉越厚實越好。

● 五顏六色的彩椒。

No.19

番茄

到底是「番茄」還是「蕃茄」？正解是「番茄」，意思是外國來的，跟番薯、番麥、番仔火一個意思。這題螢光筆畫重點，國小國語會考。

產季 11 ～ 4 月

番茄到底是「蔬菜」還是「水果」？

番茄屬於茄科，是世界重要作物之一。小小一顆卻占了世界蔬菜生產面積總額的八%。富含多種營養成分，尤其是茄紅素，二〇〇二年美國《時代》雜誌就列在十大保健食品第一位。

十六世紀歐洲人相傳吃了這種枝葉長滿絨毛，的鮮紅果實，就會變成狼人，所以當時被稱為「狼桃」，也就是最早的惡魔果實。

到了十九世紀才慢慢開始食用它，至今不過一百多年，算是大器晚成型的蔬菜。總之美國老大哥說是蔬菜就是蔬菜，因為如果是水果，海關會課徵關稅。

台灣也把番茄歸類為蔬菜，但是小番茄是水果。因為番茄的甜度平均在五至六度，但台灣農民已經逆天改良到小番茄甜度高達十三度，讓它不能在蔬菜圈立足而被除名了！

POINT 柑仔蜜 kam-á-bit

挑選原則

1. 先看蒂頭顏色形狀，越枯萎代表採收後放了越多天。幾天不是太關鍵，摸表面硬朗有彈性就沒問題，只是放在你家冰箱，或老闆冰箱的差別。
2. 表面光滑，無瘀青、凹陷、軟塌。
3. 越熟越深紅，也表示茄紅素越多，但是不耐放。
4. 黑柿番茄以屁股有一點紅的最佳。

● 當天 ● Day 1 ● Day 2。

老闆，你的番茄怎麼這麼生

除了常見的紅色牛番茄外，在市場還有另一種常見品種——黑柿番茄。一些少婦會問放多久才會整個變紅熟透，這種番茄放久還是會紅的，只是這樣就失去特殊的口感及酸勁，黑柿番茄就是要綠綠的吃啊！也有人會稱它爲「臭柿仔」(tshàu-khī-á)，因爲在還未熟的時候，會有一股茄科的臭青味，來嚇跑蟲害，因此而得名。中南部少婦買的時候通常會叫「柑仔蜜」(kam-á-bit)，基隆來的會叫「トマト」(thoo-má-tooh)。

網路謠言「番茄含劇毒龍葵鹼」

時不時就可以在LINE群收到，青番茄有龍葵鹼比砒霜還要毒的錯誤訊息，因爲番茄是茄科植物，所以一直被拿來跟同樣是茄科的馬鈴薯做類比，不同的是番茄中的生物鹼是番茄鹼，而不是含有劇毒的龍葵鹼，所以各位少婦不用擔心，大膽吃、用力地吃。

絕對夠資格申請非遺的料理

說到黑柿番茄，全世界大概只有台灣人吃，必須佐醬料，包含薑汁、醬油膏、砂糖，厚工一點的還會加上甘草粉或梅粉，是北部人看不懂，但中南部朋友從小吃到大的口味。相傳是番茄剛到台灣的時候，大家不太喜歡它的口感及味道，所以加點薑末壓壓味，加點糖、醬油膏來緩衝它的青澀感，反而意外成就了一番在地美食呢！

NO.20

茄子

★蒂頭皎白
⚠脫水皺紋
⚠風疤

最早的野生茄子是綠色帶刺的球狀果實，而且帶點苦澀味，慢慢經過數百年慢慢的馴化後，為了讓人類幫它播種，有的往長條發展，有的向身寬體胖前進，顏色也有青白紫，也漸漸的把刺收了起來，同時修飾了自己的苦澀味，總之，脾氣改了不少。

產季 5～11月

台灣茄子的兩大門派

最簡易的分辨辦法是看茄子尾巴，尖尾的就是麻糬茄，圓尾的是屏東茄，當然細分的話還是有很多品種的差異，只是我們攤商用這兩種類別簡稱。

- **麻糬茄**（糯米茄）：口感如麻糬一樣口感Q軟，皮薄幼嫩，容易入味。
- **屏東茄**（胭脂茄）：表皮較硬實，中式料理常用的品種，很適合清蒸和快炒。

茄子是一種蔬菜嗎？

茄子是茄科家族的成員，家族分布很廣，有加入黑幫變成調味料的「辣椒」，不小心變成糧食的憨直「馬鈴薯」，分類到水果的害羞「番茄」都是親戚。

從植物學的角度來看，茄子應該歸類在水果，因爲它是開花的果實，果實中也有種子，是屬於漿果類的水果，只是沒人生吃它。還是當蔬菜好了。

茄子的紫色是抗氧化代表

蔬菜類的花青素有個小圈圈排行榜，茄子穩穩妥妥地拿下第三名，第一名是紫甘藍，第二是紫洋蔥，所以最好取得的非茄子莫屬了！越紫的花青素含量越高，幾乎所有的營養素都在表皮。少婦最關切的問題，就是紫色茄子煮完就變灰色，以至於每次煮完茄子都要自我懷疑一下，這裡可以嘗試以下做法：

- 炒：切段備料後，浸泡醋水（兩茶匙）。
- 水煮：滾水加點鹽、油，完全壓入滾水中。
- 炸：大量油脂油炸，像日本料理的炸天婦羅一樣。

重點在於像少婦們抹防曬霜一樣，隔離表皮接觸空氣產生氧化即可。

POINT 茄 kiô　挑選原則

1. 茄身粗度要一致，要直不要彎，下半身不要過胖。
2. 不要有風疤，影響口感。
3. 蒂頭要新鮮不要太乾扁，與茄身交接處會有一抹漸層白，越白越好。
4. 表面光滑，看到皺褶表示已經多天脫水。
5. 蒂頭髮型要服貼，不要翹髮尾，越翹越老。

● 上：屏東茄 ● 下：麻糬茄。

NO.21

秋葵

漂亮的秋葵上市，一斤要一百元，雖然是叫秋葵，卻是夏天盛產的蔬菜，在三四月時就可以開始在市場看到，到了九月就是尾聲，不過到了十月都還會有少許零星產量。

產季 3 ～ 10 月

不同人取出不同名

在市場有許多不同的叫法，但大多數的人就叫「秋葵」，因爲外型也有人叫「羊角豆」，學術掛的會說「美人指」，洋派一點的人叫「lady finger」，這裡指的不是手指餅乾，而是它外觀長得像纖纖小手。偏日系的長輩會叫它「烏骨仔」(oo-kut-á)，是日語的オクラ(okura)的秋葵之意，也有養生的阿媽叫「胃豆」，因爲秋葵黏呼呼的特性，直覺對胃十分友好而取名。

黏滑的汁液才健康

講到秋葵許多人都打了一個冷顫，比要小孩吃青椒還要抗拒，直呼黏呼呼的口感像極了過敏時的透明鼻涕。但養生又懂吃的日本人稱它爲綠色人參，那個汁液可是富含植物果膠，當然維生素群跟礦物質群也少不了，還含有抗氧化成分，膳食纖維和兒茶素可以附著胃壁上，保護胃壁。含鈣量與鮮奶不相上下，對素食、發育中的小孩、或是乳糖不耐症的人來說，是很好的鈣質來源。

料理的重點在於保留黏液

秋葵營養的重點就是要把黏液統統吃下去，所以日本人很愛生吃，就跟生魚片一樣，獲取食材最大的營養成分，蘸點醬油就可以涼拌，有些還加上芥末來提味，或是添加到味噌湯裡面。

最簡易的汆燙就可以發揮很大的功效，洗淨後，千萬別切開，直接下鍋水煮，煮好後再切掉蒂頭，淋上胡麻醬眞是一絕。如果家裡的老公小孩還是不賞臉，可以切片變成星星狀，炒菜時混進去當佐料，或是電鍋煮飯時，直接鋪在最上面，這種強迫吃進營養的愛最迷人了！

POINT 挑選原則

羊角豆 iûnn-kak-tāu／胃豆 uī-tāu

1. 不要黑斑、黑帽緣。
2. 蒂頭部要蒼白乾燥。
3. 外表要帶有絨毛，帶點韌性。
4. 如果體型太大表示太老了，纖維粗之外，種子還會相當硬。

你看不見的凌晨奮鬥

菜市場人的一天

你是否曾經在早晨七點走進市場，看到攤位上琳琅滿目的新鮮蔬菜，隨手拿起一顆翠綠的高麗菜，心想：「今天這菜看起來不錯，買回去炒個菜剛剛好。」

但你有沒有想過，在這顆菜擺上攤位之前，發生了多少事？又有多少人，在你熟睡時，已經忙碌了整整一夜，只為了讓你買到最新鮮的食材？

這是一場分秒必爭的接力賽，每一天，從產地到市場，從市場到你的餐桌，每一顆蔬菜的旅程，都是無數市場人的汗水與經驗堆砌而成的。現在，讓我們倒轉時間，從你看到的那一刻，回到蔬菜誕生的瞬間。

產地的第一步——清晨的蔬菜交易

早上七點，電話響起，開始下單。

當市場還在甦醒，我們已經拿起電話，撥向西螺的代採窗口。這是一場情報戰，今天的菜況如何？明天的下雨會不會影響收成？經驗告訴我們，氣候、產量、需求，三者的平衡決定了市場價格。我們透過這通電話，掌握明天的菜量，並下好訂單，確保明天的攤位上不會缺菜。

早上九點，田裡開始動起來。

代採人員騎著機車來到農地，一眼掃過田間的綠意，就知道哪些菜可以收成。農夫的手沒停過，熟練地摘下每一棵蔬菜，迅速放入籃中，這些菜接下來就會被送往預冷庫，等待夜晚的旅程。

蔬菜的夜間旅程——從產地到市場

下午三點，蔬菜降溫入庫。

剛收成的蔬菜，帶著田間的溫度，若不馬上預冷，很快就會開始熟化、失水，影響品質。於是，這些蔬菜會被送進冷藏庫，進行急速降溫，讓它們維持最佳的鮮度。

晚上六點，開始安排運輸路線。

代採人員根據各地市場的訂單，安排貨運車的路線。有的蔬菜會往北送台北，有的會送往台中，還有些要直達南部的批發市場。這場物流戰從不間斷，因為市場不等人，每一批菜都得準時抵達，否則就失去了競爭力。

晚上十點，貨運車出發，沿路配送。

這時候，你可能正在家裡追劇或準備就寢，而載滿蔬菜的貨車已經啟程，從產地一路北上，沿途在不同的市場、批發站卸貨，這些蔬菜，將成為第二天市場上的新鮮主角。

市場人的凌晨號角——與蔬菜的搏鬥

凌晨一點，市場開始喧囂。

當大部分人還在夢中，市場的齒輪已經開始默默運轉。貨運車隊陸續抵達，成排的蔬菜被一籃一籃卸下，這時，菜市場的攤商們來了，準備搶第一手的貨源。

凌晨兩點，市場人正式開工！

我們將整車的蔬菜拉回自己的攤位，開始分類、整理。一顆顆大白菜及高麗菜需要剝掉外層老葉；白花椰菜必須修去多餘的梗及葉子，所有的菜都要按照大小、品質進行分級。

這是菜販市場人的日常，也是最考驗經驗的時刻，每一種蔬菜一上手就要用最適合它的處理方式，每個動作，都決定了這批菜的命運。

凌晨三點，準備餐飲業的訂單。

自助餐店、便當店、涮涮鍋店，甚至街邊的麵店，都在等著我們的菜。按照每一筆訂單的需求，一包包分類打包，確保每家店能夠準時拿到最新鮮的食材，為今天的營業做好準備。

凌晨四點，其他零售攤販來買貨。

菜市場不只是賣給消費者，我們也供應給其他市場的攤商。他們凌晨來進貨，批發帶走，再陳列到自己市場的攤位裡販售。這場交易快速又精準，因為大家都知道，天亮前的每一分鐘，都攸關今天的銷售成績。

凌晨五點，餐廳與小吃店的配送開始。

貨運司機將打包好的訂單，派送到各家營業店面，這些店家早上一開門，廚師就能馬上拿到最新鮮的蔬菜，準備開始一天的料理。

白天的市場——你看見的熱鬧，其實是最後一棒

早上六點，開始陸續出現零售消費者。家庭主婦、早起運動的爺爺奶奶，這時候進入市場。我們的攤位上，已經擺滿經過層層篩選的新鮮蔬菜，等待每個客人的挑選。

早上七點，新的訂單循環又開始。我們再度撥打電話，向西螺的代採人員下單，開始為明天的蔬菜做準備。這場交易沒有停歇，今天的菜還在賣，明天的菜已經著手安排了。

中午十一點，市場逐漸收攤。我們整理剩下的蔬菜，分類保存，該冷藏的進冷藏庫，該常溫的整理收好，準備迎接下一個營業日。

三百六十五天，幾乎全年無休的市場人生

這樣的生活，日復一日，年復一年。對許多人來說，市場只是個買菜的地方，但對我們來說，這是每天持續運轉的生活。在這條路上，我們菜販全年只休五天，因為市場的公休日不適用我們這種做批發零售的攤商。自助餐、便當店、火鍋店，這些店家每天都在運轉，只要他們沒休息，我們也無法停下來。真正的休息，是除夕當天的上午，市場收攤後，才能放五天假，直到初六開工，再次投入這場蔬菜的接力賽。所以，下次你逛市場看到攤位上擺滿新鮮的蔬菜時，請記得，這不單單只是蔬菜，而是無數個不眠之夜，換來的最新鮮滋味。

這，就是我們的菜市場人生。

PART 3 ROOT AND TUBEROUS

根莖

NO.1

白蘿蔔

冬天是白蘿蔔收成的好季節，一路收到三月就接近尾聲了！所以愛吃盛產的台灣白蘿蔔手腳要快。菜市場管它叫「菜頭」（tshài-thâu），也叫「白菜頭」（pe̍h-tshài-thâu）。特性是天氣越冷越好吃，天一冷會更努力把養分鎖進體內，變得更加碩大圓胖，越胖皮就更薄，汁水更容易炸裂，煮湯、燉滷、醃漬樣樣合適。

★自然裂開

⚠分岔徒長

⚠坑洞

產季 12 ～ 4 月

吃起來苦苦的怎麼辦？

有少婦反應過買到會苦澀的蘿蔔，很多時候是因爲天氣影響。天氣冷，蘿蔔就會囤積糖分，天氣熱外皮就會增厚，開始產生大量的蘿蔔硫素，這就是會苦、會辣的來源。知道原因就很好解決問題，天氣熱採收的白蘿蔔，從切面看就可以知道皮有多厚，用削刀把皮用力削掉，千萬不要捨不得，到時候上桌沒人吃才是真浪費啊！

很多少婦買白蘿蔔的時候，會請我們順便砍頭（去掉蘿蔔梗葉），內行人會要我們刀下留頭，回家可以做雪裡蕻。簡單醃漬雪裡蕻的方法：蘿蔔葉洗淨晾乾，切成段。撒上適量的鹽巴，用手抓勻，靜置三十分鐘。將出水的蘿蔔葉擠乾，放入玻璃罐中，壓緊密封，常溫醃漬二至三天即可。

保存白蘿蔔，這樣放最耐久！

白蘿蔔買回家後，常常還沒煮就變軟、變乾，這是因爲水分流失。

- **短期保存（三至五天）**：直接放在陰涼通風處，不要放塑膠袋，讓它呼吸。如果蘿蔔帶葉子，記得先「砍頭」，因爲葉子會一直吸收蘿蔔的水分，導致蘿蔔變乾。
- **長期保存（二至三週）**：可以用報紙包起來，放進冰箱冷藏。
- **超長保存（數個月）**：如果一次買很多蘿蔔，可以削皮、切塊，汆燙後冷凍，這樣要吃的時候，直接拿出來燉湯就行了！

POINT

菜頭 tshài-thâu 挑選原則

1. 犧牲一下手指是必要的，趁老闆不注意時彈一下，手指會痛表示好吃(越扎實會越痛)，像打鼓一樣的，表示內部空心或纖維化。
2. 越大顆越好吃，很多少婦都來挑選最小的，怕吃不完，實在是太違反挑選蘿蔔的倫理，就是要大到自然裂開的最高！
3. 拿起來要比看起來的重，越重的汁水越飽滿，腰圍越粗越好。

No.2

紅蘿蔔

紅蘿蔔菜市場叫「紅菜頭」（âng-tshài-thâu），是繖形科草本植物，分類上比較像芹菜、香菜、茴香的親戚，最早的野生胡蘿蔔類似野草，生長於亞洲西南部，栽種了數千年都是為了它的葉子，磨碎後拿來做辛香料使用。所以不喜歡紅蘿蔔味道的，通常也不太喜歡芹菜、香菜，因為它們是同一夥的啊！

產季 12 ～ 4 月

紅蘿蔔爲什麼都是橘色的呢？

阿富汗人首先將紅蘿蔔作爲蔬菜食用，那時的紅蘿蔔外皮有黃、橙、紫、紅、白多種顏色。後來被伊朗跟著波斯聖火傳入了中原，因自胡地來，氣味像蘿蔔，故名「胡蘿蔔」。

爲什麼現在紅蘿蔔都是橘色的呢？跟波斯人無關，也跟胡人無關，而是跟荷蘭皇室的旗幟有關。

當時的荷蘭奧倫治（Oranje）親王威廉一世，酷愛橘色，到了偏執的地步（連名字念起來都是橘色了），所以看世足賽時，一堆胡蘿蔔在跑的就是荷蘭隊。當時爲了跟西班牙比拚誰比較會到處插旗，連同帶出國門的紅蘿蔔都要改良成橘色，到處種植來宣揚國威，導致全世界都以爲紅蘿蔔只有橘色。

紅蘿蔔帶土好？還是不帶土好？

市場上常看到的紅蘿蔔分成兩派，粗獷的未加工帶土派，主力客群大都五十歲以上，觀念上是帶土的才新鮮，才接地氣，可以放得久。另一派怕髒手的貴婦派，特徵是拿胡蘿蔔時會用拇指跟食指夾著，貴氣逼人的小拇指還會翹著。

其實這兩派來自世代觀念的落差，想想三十年前的沒冰箱的年代，洗過的蔬果會加速腐敗。但是現在的冰箱，有的放兩週還像剛出爐的一樣。不過，儲存時記得葉子和根鬚必須去掉，因爲這是營養跟水分蒸發的關鍵。

POINT 紅菜頭 âng-tshài-thâu 挑選原則

1. 表面不要有坑洞，不要分叉。
2. 根莖類的通則，拿起來要比看起來更重。
3. 葉子根鬚要先除掉，因為它會持續吸收根部養分。
4. 葉梗處越窄小越好，越寬表示葉子已經長到很大了。
5. 越橘越好，滿滿的胡蘿蔔素帶回家！

● 左：已清洗 ● 右：帶土未清洗。

No.3

地瓜

介紹一個常見的食材——「地瓜」，也有人叫番薯，同時還有甘藷、紅薯等稱呼，比較特別的是它的英文名字Sweet Potato，甜味馬鈴薯！？真不知哪個偷懶的外國人取的，不過菜市場相對簡單，統統念「夯吉」（han-tsî）。

產季9～1月

聽到番薯簽就害怕？

日治時期台灣強力推廣地瓜作物，不過早期的肉很白，很難吃，大都用來餵豬。老一輩常說的小時家裡窮，每天都只能吃番薯簽，只有有錢人家才可以看到白米飯。像我老母就是一直說小時候吃怕了，到現在看了就會怕，這大概是三、四年級生的共同回憶。

當然時代在變，現在的番薯是響噹噹的原型粗糧，養生的少婦開始吃起了地瓜，超量的膳食纖維讓你飽腹又助排便，成爲了超養生的食物顯學，超商燒番薯也賣得嚇嚇叫，梅粉地瓜、地瓜球、地瓜圓直接圍堵校門口，讓九成九的小朋友都無法自拔，只能說風水輪流轉啊！

常被誤解的地瓜發芽

少婦最關注的問題是地瓜發芽能吃嗎？有沒有毒呢？看起來芽頭紅彤彤的怪可怕的啊！

不過地瓜和馬鈴薯不同，因爲地瓜不是茄科，所以不會有茄鹼物質，即使發芽也可以放心食用，但是發芽後，因爲要供應葉子養分，營養價值就會慢慢變低。如果眞的發芽不敢吃，也別丟掉，直接放回一兩週，收成地瓜葉食用吧！

或是丟給小孩們，一條十幾塊，入手農夫體驗課程，眞的是一兼二顧啊！地瓜在植物分類上，跟傳說中的牽牛花是同科同屬，同樣在早晨開花，中午前凋零，也開著淡淡的紫色花朵。如果你家小孩還沒見過牽牛花的，可以把發芽地瓜種到開花，來幫小孩解鎖一下唱了半天的牽牛花眞面目。

POINT 番薯 han-tsî 挑選原則

1. 盡量挑根鬚少、無發芽的地瓜。
2. 表面無坑洞、黑坑的佳。
3. 造型像台灣的最好，不要太圓，也不要太細長。

● 左：黃肉地瓜 ● 右：紅肉地瓜。

NO.4

芋頭

菜市場管它叫作「芋仔」（ōo-á），古名叫「蹲鴟」（音：ㄔ，義：蹲著的貓頭鷹），因為古人認為芋頭像一團球狀的貓頭鷹蹲在樹上，後來改名叫芋頭，「于」在古時有大的意思，取義為草下面很大的作物。

產季 10～4月

削芋頭手好癢

在菜市場可以看到老闆徒手拿芋頭給你，難道老闆的手都是鐵打的嗎？因爲眞正引發過敏反應的不是芋頭皮，而是芋頭內的蛋白素跟草酸鈣，它是抵抗昆蟲的正當防禦機制，所以只有在破壞芋頭表面時會接觸到，處理時都戴著手套就可以免疫了！

因爲這些造成手癢痛的反應，有些長輩直覺的認爲這是有毒性的作物，但引發過敏反應的就是蛋白質，完全煮熟就沒問題了！

買回家到底要不要冰

芋頭存放在陰涼處不要曬到太陽，我們攤商收攤時都會封回紙箱放好，並不需要特別放在冰箱中，冰久了反而會影響芋頭的口感。如果是因爲產季便宜時買了大量，可以先把芋頭去皮切片或切塊，放在保鮮盒或是密封袋中，丟冷凍庫保存，放上三個月都不是問題。

火鍋到底能不能放芋頭

芋頭曾經引發網路論戰，一派是堅持火鍋要放芋頭以煉化靈魂的，另一派是不要芋頭影響整鍋湯底的。還有另外一個戰場，一邊喜歡芋頭做成甜食的，另一邊只吃鹹的芋頭料理。各派論戰相當於宗教戰爭，我想這局我就先不跟了。

口感鬆綿、香氣特殊的芋頭是全穀雜糧類的成員，膳食纖維含量是白米的四倍，又含有抗性澱粉，在腸道中難以被消化，怕胖少婦的主食請指名芋頭。

POINT 芋仔 ōo-á　挑選原則

1. 體態圓潤飽滿，屁股越大越好，千萬不要有腰身。
2. 切口或外觀不要發霉。
3. 表皮帶點溼潤泥土，表示出土不久。
4. 拿起來比看起來輕的好，同樣體積的越輕、越好、越鬆。

● 左：尖尾 ＜右：圓尾。

No.5 馬鈴薯

馬鈴薯台語念「媽林吉」（má-lîng-tsî），含有豐富的營養價值，同時也帶著超高的澱粉含量。台灣的產季從十二月到四月，其他時間就是冰庫慢慢出貨，一直出到十月左右，其他時間自然就有進口馬鈴薯來頂替需求。

產季 12 ～ 4 月

台灣人超愛的馬鈴薯是哪裡來的？

你知道馬鈴薯神嗎？世上有一群拜著馬鈴薯的古印第安人，他們住在安地斯山脈海拔超過三千八百公尺的地方，八千年前在嚴峻的生活條件下，他們發現了野生可食用的馬鈴薯，因此誕生了蒂亞瓦納科與印加兩大文明。

在印第安人的眼中，馬鈴薯是有靈魂的。靠山拜山，靠海拜海，靠馬鈴薯而生的，自然就拜馬鈴薯了，馬鈴薯還有豐收女神的封號！如果歉收，他們認爲是得罪了馬鈴薯神，便會開始舉行盛大的祭祀活動和載歌載舞的馬鈴薯節。就此拉開了人類食用馬鈴薯的序章。

台灣產的馬鈴薯和進口的差異在哪裡？

外觀來看，台灣的馬鈴薯外皮較爲完整，形狀比較多。進口的馬鈴薯出口時必須用強力水柱將土沖洗乾淨，呈鐵鏽斑外表，形狀也因爲篩選過比較一致。台灣的馬鈴薯煮起來口感較緊實，燉煮後不會糊糊。我們有客戶煮咖哩都只用台灣的，他說進口的不耐燉，整個變成糊狀。

爲避免吃到發芽有毒的馬鈴薯，在長遠的運輸過程中，有些進口的馬鈴薯會添加國外合法的抑芽劑，有些地方則是採收後，就會照射低量游離輻射。但不用過度擔心，畢竟依照台灣的法定劑量，得一口氣吃幾貨櫃才會有問題。

最後溫馨提醒，菜市場的台灣馬鈴薯容易發芽，買回家後要記得先削皮處理。

POINT 馬鈴薯 má-lîng-tsî　挑選原則

1. 一定不能發芽，會有天然毒素「茄鹼」又稱龍葵鹼，是神經毒素，加熱煮熟也沒用，吃到會嘔吐拉肚子，多了會喪命。
2. 表皮不要呈現綠色，曬到太陽容易引發茄鹼量。
3. 不要有坑洞。

● 進口馬鈴薯（外皮特徵似鐵鏽）。

No.6

洋蔥

★ 進口洋蔥

⚠ 酸味＝爛心

⚠ 發芽

⚠ 外皮發霉（裡面沒發霉就安全可食用）

過完年後，站上了體重機，眼淚默默地流了下來。等等，這不是因為發胖，而是因為台灣洋蔥的季節要到了。在本土與進口洋蔥的交替期，攤位上可以輕易發現這兩種洋蔥。

產季 2～4月

進口的好還是台灣的好？

台灣的洋蔥產季短暫，主要是在三月至四月收成，接著會冷藏慢慢供應到十月左右。所以十月到二月的其他時間，市場上的洋蔥需求要靠進口洋蔥來填補。這時候你會發現它們長得不太一樣，台灣洋蔥是橢圓水滴狀，進口洋蔥則是完美的球狀。依照進口的產地不同，美國洋蔥呈現出硬邦邦的樣貌，水分低，可以保存更長的時間。韓國、日本的洋蔥含水量較高，甜度自然更勝一籌。但說到甜度，國產洋蔥絕對是首選，因爲成熟度高，甜度自然較高。

市場流傳著洋蔥的耆老傳說，「圓的洋蔥辣，長的洋蔥甜」。這聽起來很玄，但其實滿有根據的。洋蔥生長時，越成熟、越容易抽高發芽，當它開始長高時，就會消耗掉球體內的養分與辛辣味。所以水滴狀的洋蔥通常比較甜，而長得渾圓的洋蔥，通常成熟度較低，因爲內部的辛辣物質還沒轉化成糖分。

切洋蔥爲什麼會想哭

這是硫化物的關係。當你用刀切開細胞壁時，硫化物就會釋放與空氣中的水分結合，變成揮發性刺激物質。於是，你的眼睛就會開始「抗議」了。想不哭可不是堅強點就能夠解決，最好像日式壽司的師傅一樣磨一把鋒利的刀，減少細胞壁被擠壓的機會。也可以先冷藏或是高溫加熱，都能有效的破壞硫化物活性，戴起泳鏡也是個簡單的選擇。

發芽了還可以吃嗎？

洋蔥特別耐放，以至於某天看到會發現它們已冒出綠色的嫩芽，這樣的嫩芽會消耗洋蔥球體內的水分與養分，導致洋蔥的口感變差，纖維也會變粗，但還是可以放心食用。長出來的蔥葉可以割下來當青蔥使用，口味上比一般的青蔥更辣一些。

POINT

蔥頭 tshang-thâu 挑選原則

1. 外觀白不白不重要，多撕掉兩層就白了。
2. 不要發芽，莖部頂部不要過於焦黑乾扁。
3. 摸起來沒有軟爛，聞起來沒有酸味。
4. 要辣的選圓的，要甜的選長的。

No.7

牛蒡

牛蒡是菊科一族的蔬菜，這一族的氣味都很濃厚，牛蒡別樹一格的吃的是塊根。它從歐洲傳到亞洲，在日本被大量的食用，最後進入台灣菜餔中。我們菜市場管它叫「吳某」（goo-bóo）源自日語ごぼう（goboo）的台語發音，也叫「疼某菜」（thiànn-bóo-tshài）。不過你說牛蒡，老闆還是都聽得懂。

★ 黑環不是壞掉

⚠ 根鬚太多

⚠ 發霉

產季 2 ～ 4 月

其貌不揚，骨子裡營養得很

牛蒡的外觀很像樹枝，放在野外路邊都不見得會被認出來，卻有平價人參之稱，生長在超過一米深的土裡，含有特殊的菊糖成分，還有豐富的高纖維質能促進腸道蠕動，可說是營養滿滿。

在二戰的時候，日本在太平洋俘虜了英美的戰俘，因為食物補給不易，所以日軍強迫戰俘們吃牛蒡果腹。歐美沒有吃牛蒡的習慣，導致戰俘誤以為日軍要虐待他們，逼迫他們只能吃樹根維生，後來還直接上國際法庭提告。

特殊的處理手法

如果是用直覺，你會怎麼處理這個食材？削皮刀拿起來就開始削？不是不行，只是牛蒡最營養的一圈，就在表皮下的那層肉，所以這裡要用刀背或是金屬湯匙輕刮，用菜瓜布輕輕磨掉沒刮掉的表皮，這樣才能保留牛蒡的最高營養價值，如果一餐吃不完就不要全部削皮，它豐富的鐵質會讓它氧化成黑褐色，所以要吃多少再切多少就好，還沒要吃的部分用餐巾紙或報紙包好，再放進塑膠袋放冷藏即可。

最簡單的料理最常見

大部分的少婦應該都從涼拌牛蒡絲下手，它的做法比較簡單，牛蒡礤簽，簡單汆燙一下就可以冷卻備用，加入白醋、香油、醬油，依照個人口味可以加一點味磷或蒜泥，也有加料理米酒的，手邊有白芝麻的話可以撒一下，直接升級一個檔次，口感爽脆，吃起來沒負擔是重點，趕緊買來試試看！

POINT 牛蒡 goo-bóo　挑選原則

1. 挑秤起來起看起來重的，根鬚少。
2. 粗大的通常纖維較粗，細的口感嫩。
3. 握住底部抬起，自然下彎有彈性。

● 牛蒡通常跟山藥擺在一起銷售。

No.8

山藥

★ 日本山藥
★ 日本山藥切面
⚠ 外皮坑洞

這個市場裡的大傢伙，也叫山薯、淮山，長在少婦的盲區，鮮少看到年輕人採購，一是嫌麻煩，再來是不會煮，家裡有煮飯的，都很少煮湯了。

產季 9 ～ 2 月

菜市場的山藥有哪幾種？

菜市場的山藥主要分成本土種植及日本進口。

日本的山藥很好認，在長紙箱中覆蓋著木屑，都不知道紙箱裡賣什麼藥，一來是運送時保護它不碰撞，二來是可以減少切面氧化。銷售時，老闆會拿出其中一根的斷面露出來，因爲出口都要分級篩選，所以每支大小十分勻稱，外觀洗得很乾淨，一點土都沒有。看起來像極了剛出浴的大腿，上面還有稀疏的根鬚腿毛，切面的顆粒感比較小，肉質比較細膩，磨成泥特別的黏稠。

台灣的本土山藥粗獷的褐色外皮很好認，上面還帶一點灰土，跟截斷的樹木沒什麼兩樣，生怕人家不知道礦物質很高。腰圍粗細也比較不一定，從粗的像根木棒，到細的像牛蒡都有，切面的白色顆粒點點很明顯，吃起來比較硬，煮湯會跟馬鈴薯一樣「鬆鬆」，夾起來外圍會有一層融化。

還有一種紫山藥（紅薯山藥），這比較少遇到，外觀上很好辨識，唯一有紫色的塊根就是了，這是唯一不可生食的山藥，紅薯餅就是用紫山藥做的。

跟芋頭一樣摸完手發癢

買回家後的處理也要特別注意，它跟芋頭有一樣，削外皮時很容易引發過敏。所以一定要戴手套削皮，削完皮後過活水沖洗一下，把表面的黏液先沖掉，減少發癢，順便泡在水裡，減少接觸空氣時的氧化。

如果是已經中招該怎麼辦？第一反應是大量沖水，如果可以加冰塊冰鎮，消炎效果更好，兌點鹽水也可以減緩發癢。

POINT 淮山 huâi-san　挑選原則

1. 挑選筆直的，根鬚少的越好。
2. 拿起來要比看起來的重，越扎實越好。
3. 表面不要有發黑、坑洞、溼爛。

● 上：日本山藥 ● 中：牛蒡 ● 下：台灣山藥。

NO.9

豆薯

這是不太出現在少婦菜單的蔬菜，是一種豆科植物，吃的是塊根。外觀很像水滴型的馬鈴薯，重量跟芋頭差不多，一個手掌不太好掌握的大小。皮薄得像水梨，質地爽脆多汁，口感和荸薺差不多，所以也常被拿來當作替代品。

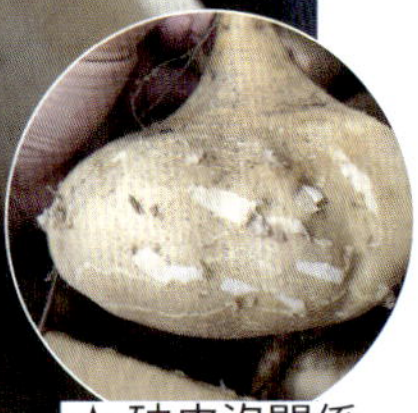

★ 破皮沒關係

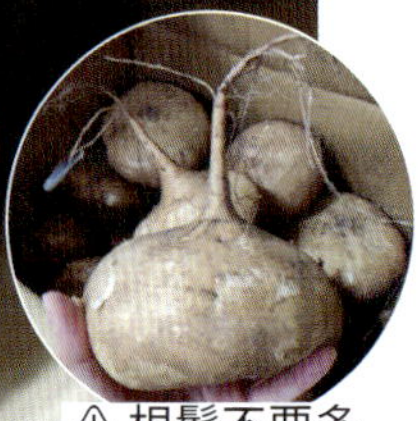

⚠ 根鬚不要多

⚠ 坑洞

產季 12～3 月

名字一大堆，南北大不同

各地的稱呼大不同，北部大都叫它「葛薯」(kuah-tsî)（音同掛吉），南部管它叫作「豆仔薯」(tāu-á-tsî／tāu-á-tsû)（音同刀阿吉），也有人叫涼薯、洋地瓜，因爲外觀跟特性，也有人說它是地下水梨。

既然有水梨的封號，也就表示它是可以生吃的食材，吃起來的口感脆脆微甜，像是水分很高、但是不甜的水梨，所以也有長輩會冰起來再吃，吃退火聽說是挺好用的。

豆薯的本尊看來陌生，但大家還滿常吃到的，像是餐廳的小盤醃漬前菜，關東煮裡面的黑輪或是丸子也會用到，肉圓、春捲、潤餅有些也會放豆薯進去，很多口感極佳的水餃也會用到豆薯，甚至煮蘿蔔湯時，直接取代白蘿蔔。

除了根塊全部都不能吃

豆薯常跟澱粉類的根莖作物放在一起，看似碳水很多，但是它的營養成分歸類在蔬菜，每一百公克只有六克的碳水，是少婦瘦身的好夥伴。

在傳統市場上，能看見的豆薯都是根塊，因爲是豆科的作物，一樣會開花，也會結出豆莢。但是除了根塊之外，全株都有毒，常用來做成殺蟲劑，在野外看見千萬不要誤食啊！

如果放到發芽，豆薯還是可以食用，只要把發芽的地方切掉即可，不像馬鈴薯一旦發芽，整個塊莖都會產生毒素。

POINT 豆仔薯 tāu-á-tsî／tāu-á-tsû　挑選原則

1. 外觀不要明顯外傷，扎實飽滿。
2. 豆薯拿起來比看起來的重，水分含量越足。
3. 根鬚要少。

● 通常會放在攤位邊邊角角。

No.10 烏殼綠竹筍

★ 腰越彎越好

★ 烏殼綠竹筍特徵

⚠ 頭頂越綠越苦

市場都管它叫作「烏殼仔」（oo-khak-á）（音讀歐咖阿），全名叫「烏殼綠竹筍」。身如其名，一身的烏黑色絨毛，是它最容易辨別的特徵，而後面有個熟悉的綠竹筍。沒錯！這是綠竹筍衍生出來的品種，而且各有各的特色。

產季 3 ～ 10 月

打了雞血的生長速度

採筍人都必須要早起，因爲得趕在太陽出來前，把那些彎著腰的筍子都採收起來，不然太陽一曬，變綠就賣相不好。大家都知道竹筍要越嫩越好，而竹子又是超強的長高魔人，生長開外掛的它，在每個竹節都有個生長環，別人一天長一公分，它是每個環都長一公分，每天長個十到二十公分都算小兒科。意思是今天不採收，或是漏掉沒有採收到，明天再看到已經到膝蓋了。

蓋棉被純聊天的烏殼綠

烏殼筍曬了太陽會轉化出大量的草酸，尖頭上會變得綠油油的，所以農民爲了賣相及口感能更好，會用稻草或是塑膠布覆蓋竹林，讓它們在被窩裡好好的聊聊，這樣烏殼筍採收都是黃澄澄的一根，一下子就賣掉了！

大家都愛有禮貌的孩子，烏殼筍也是如此。烏殼筍有個特殊的生長特性，會先橫長，再整根破土立起來。所以市場上的上等貨是彎腰的筍子，鞠躬幅度越大的越嫩，如果直挺挺的表示已經破土很久了。挑竹筍時，可再看竹筍的屁股，切面毛孔細小的是稚嫩的小屁孩，毛孔越大自然就越老、越不好吃了。

苦味去除筍類通則

回家千萬不要直接丟冰箱，因爲它會持續轉化草酸。必須先殺青，冷水下鍋開大火煮到滾後，可以再換水煮滾一次，效果更佳。如果可以奢侈的丟一小撮白米更好，白米中的澱粉會釋出去除草酸，讓buff開到最大。起鍋後最好也別閒著，丟入冰塊水中冰鎮，讓毛孔加速收縮，緊實的效果讓口感更鮮嫩細緻啊！

POINT

烏殼綠仔 oo-khak-lik-á　挑選原則

1. 筍尖不要綠色，保持土黃色調佳。
2. 外型要彎腰，越彎腰越嫩。
3. 底部越寬越大越好，越瘦表示要抽高了。
4. 底部切口要細緻，明顯看到纖維。

NO.11

麻竹筍

趁著產季來介紹一下市場的大傢伙「麻竹筍」。這幾年買的人越來越少，就是因為它太大，買回家幾乎不能一餐吃完。很多少婦也不太會去殼，這個不用擔心，請攤商老闆幫忙來上一刀，舉手之勞，需要餐餐有竹筍的少婦們趕緊來認識它。

★彎腰＞寬底＞直挺

⚠ 毛孔粗較刮

⚠ 頂部越綠越苦

產季 4 ～ 10 月

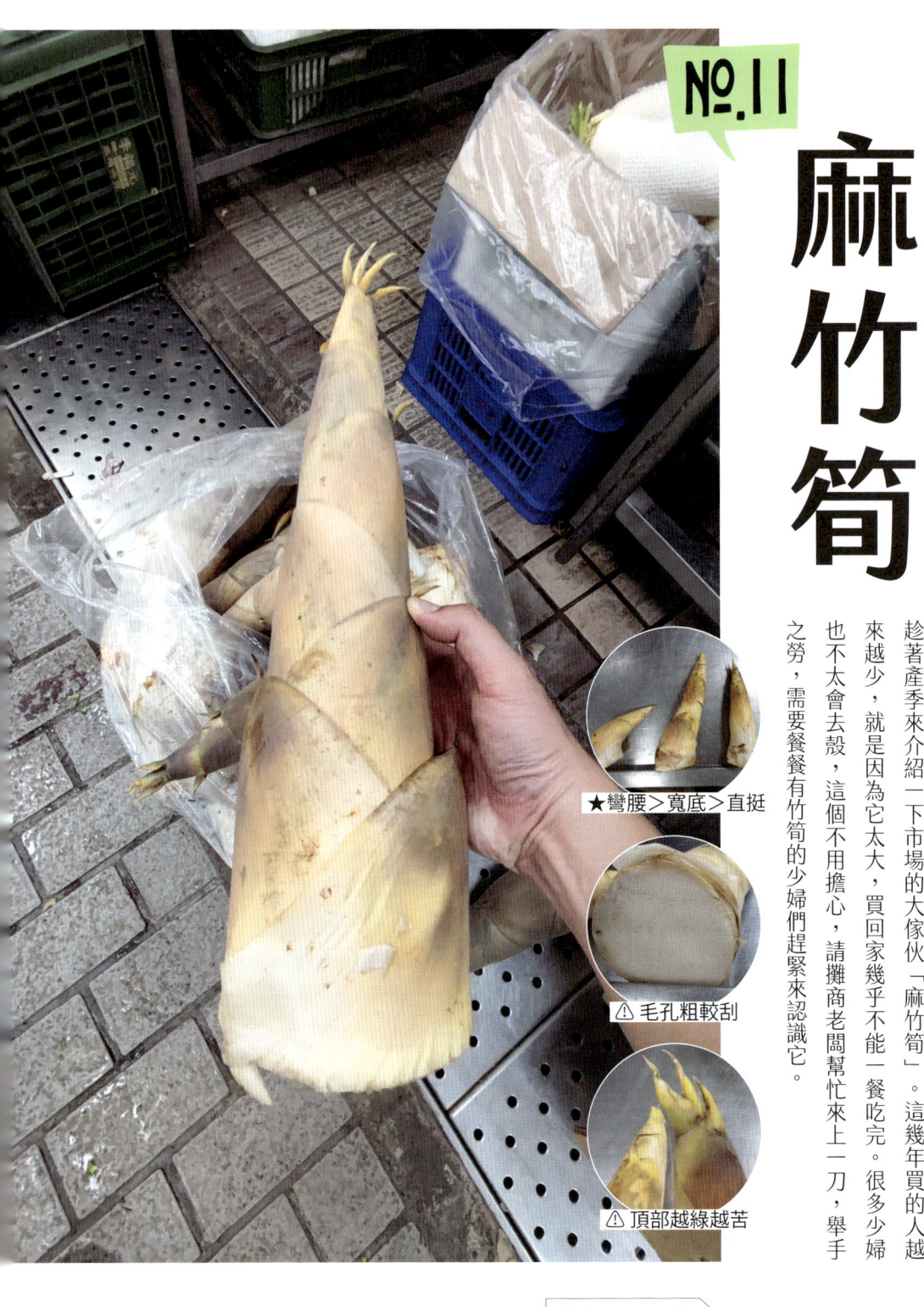

要怎麼處理才不會苦？

要處理竹筍不苦，首先處理苦的物質，筍子很嫩可以直接帶殼下水殺青，比較能夠保留筍香與甜度。如果頭上已綠綠出青就一定會苦，建議切塊或切片後再處理。

可以從冷水下鍋來煮滾，讓筍心的溫度比較一致，水煮滾後，至少再小火滾半小時以上，怕苦味的少婦可以換水再重滾一次。有些古法撇步會加入鹽巴或是白米，有些則會撒一些麵粉，以上方法都可以嘗試，大原則就是大量的水稀釋苦味。

切開來白白的粉能吃嗎？

筍子切開來，靠近筍尖的地方會有三角形的筍溝，中間有白白的粉末，俗稱「筍膽」。根據筍農自古流傳下來的說法，把筍膽拿掉，筍子煮起來就不會苦。不過，營養學派認爲白色的粉末是一種胺基酸，雖然不能夠提供甜味，但是跟其他味素一樣可以提供鮮的口感，所以不是苦味的來源。

我認爲兩邊的說法都有道理，所以合成了一個新的脈絡，白色的粉末是胺基酸，但所在位置恰好就是竹筍會發苦的地方，所以切開竹筍，再放進水中滾煮，讓竹筍發苦的物質更有效率的稀釋掉，就會更好吃了！

氰酸不是氰化鉀

竹筍的筍尖含有些許的「氰酸」，生食會造成「氰化物中毒」，產生呼吸急促、氣喘等症狀，劑量大的話還可能致命。不過「氰酸」不是柯南動漫中常出現的「氰化鉀」，竹筍的氰酸只要完全煮熟加熱後，就可以安全食用，不用過度擔心，畢竟我們誰身邊也都沒有黑衣人。

POINT

麻竹筍 muâ-tik-sún 挑選原則

1. 不要選筍尖過綠的。
2. 底部越寬肉越多，重量就越重。
3. 切口肉要潔白，毛孔要細緻。

NO.12

綠竹筍

★綠頭＜黃頭

★底寬＞底窄

綠竹筍也就是傳說的「牛角筍」，拿兩枝放頭頂就可以去演話劇了。雖然叫綠竹筍，選購卻又不能真的選綠的，畢竟沒人喜歡頂上綠綠的。在環肥燕瘦的竹筍攤位上，真的需要點真工夫才能駕馭它。

產季6～9月

挑選有口訣的綠竹筍

請用「有禮貌的矮胖肥」當作挑筍箴言。

「有禮貌」爲符合牛角的特徵，必須要矮矮彎彎像牛角一樣，太直的因爲已經做足出土準備，都容易顯老，像獨角獸的綠竹筍是不行的。

「矮」，不能太高，越高老的機會越大，因爲已經準備要轉大人，變成竹子了。「胖」，底部切面越胖越寬越好，表示切起來的肉越多，含汁量高，甜度相對更好。「肥」，白白胖胖的最好，潔白的程度絕對要像新生兒的腿庫，表示剛出土不久，還來不及氧化變黃，不只肉身白淨，頭頂更不能綠，曬到太陽的就會馬上戴上帽，人生會帶點苦澀。

不能僅僅在挑選上下工夫

綜合以上挑選條件後，回家還要馬上洗淨殺青，因爲竹筍還沒意識到自己已經涼涼了，還在拚命的吸收莖部的營養，想辦法讓自己快速長高、木質化，這時唯一阻止它生長的辦法，就是「溫水煮青蛙大法」。

一定要帶殼下水滾，絕對不是懶得剝殼，而是帶殼煮更能保留甜度！準備好冷水就可以下鍋煮，滾開後，厚工一點的可以換水再滾一次，轉小火煮半小時再撈起即可。

剝好殼一定要滾刀切塊，才有那個口感，再學大阪燒的沙拉醬一樣擠個網狀，動口之前先來張網美照，來一口涼拌的「爽脆鮮甜」，絕對撐得起這個售價！我想這就是所謂的CP值了。

POINT 綠竹筍 lik-tik-sún　挑選原則

1. 不要選綠頭的綠竹筍(超錯誤迷思)。
2. 底部越寬肉越多，當然價格就越貴。
3. 肉要潔白，不要過度氧化。
4. 要彎腰有禮貌，越直表示越老。

● 特>優>良。

NO.13

茭白筍

★底部細緻無纖維感

★薄扁＜寬厚

菜市場管它叫「咖白順」（kha-pe̍h-sún），開單子的時候都簡單寫上「水筍」（tsuí-sún），茭（音交）白筍的俗稱是「腳白筍」，意思是外觀像白白長長的美腿一樣，所以也有人稱「美人腿」。

產季 4 ～ 10 月

你聽過六穀雜糧嗎？

先不要怪我書讀得少，除了原先的五穀〔稻米、黍米、小米、高粱、小麥〕外，其實還有一種叫「菰（音同菇）米」的，是一種長度超過兩公分的黑米，因爲太容易感染病菌，導致菰米產量越發低下，明朝之後就剩下五穀了。

菰米一旦感染了「黑穗菌」後，整個菰田就會慢慢無法開花結果，並且有個人人聞風喪膽的後遺症——「下半身肥大」。導致莖部寬厚矮化，生長組織會異常只長胖不長高，形成莖部水腫的僞筍狀蔬菜。天知道第一個勇者是在什麼心境下吃的，但我知道第一口入嘴時，一定由衷的發出讚嘆：「眞是鮮甜！」

裡面有黑點點能不能吃？

很多少婦說買茭白筍好似在賭博，每次切開都是不一樣的結果，有時候有些黃黃的斑點，有時候是一點一點的黑芝麻，還有一次切開是黑溜溜的一片，嚇得她趕緊丟掉。其實這都是同一種眞菌「黑穗菌」，只是在不同的期間表現出的狀態。早點採收的，黑穗菌還在走菌的狀態，成熟時會產生黑色的孢子，越成熟的黑穗菌，黑色越發明顯。但不管什麼階段，都安全無虞可食用，只是太多的黑點點會影響料理的「色」，同時也會影響口感。

到底要不要買帶殼的？

這取決於你要做什麼料理，水煮茭白筍連殼一起下，更能夠鎖住鮮甜。烤肉時，可以包一層鋁箔，直接丟進下方的木炭火堆中，把香氣、甜度、風味都濃縮起來。脫好殼的茭白筍則適合快炒料理，炒點肉絲，保證大人小孩連盤子都舔得乾乾淨淨呢！

POINT

茭白筍 kha-pe̍h-sún 挑選原則

1. 帶殼，外殼翠綠體型要飽滿，帶肉率要高，殼扁肉就會少。
2. 不帶殼，腳越白越長的越好，越綠越老。
3. 節點要少，結點多表示茭白筍準備好要長大了。
4. 帶殼不帶殼都可以，觀察切口處纖維，不要太粗。

NO.14

蘆筍

蘆筍有個冷門的別名「石刁柏」，沒聽過很正常，一點都沒關係，因為我們都叫它蘆筍（lôo-sún）。但是你有聽過「安斯百露佳素」嗎？聽過喝過的應該都是七年級以上了！那「阿斯巴拉」（アスパラ）有聽過嗎？除了六年級知道這是蘆筍的日語外，意外的是，現在年輕人也會用阿斯巴拉來罵人。

★切面飽滿細緻

⚠ 蘆筍抽花 => 蘆筍花

⚠ 切面乾扁，纖維粗

產季 4～10月

蘆筍王國的外銷之路

台灣人吃蘆筍還不到一百年的歷史，原產的歐洲，幾千年來都是藥用蔬菜，希臘人跟羅馬人很喜歡這種作物，是近百年才被全世界廣泛種植。

一九五五年，花蓮市民郭大樹成功種植了名爲「asparagus」的蔬菜，登上報紙。這名稱是不是很熟悉？念起來就像是「安斯百露佳素」。當時美國、日本兩國蘆筍歉收，德國將蘆筍的訂單轉向台灣，造就了蘆筍和鳳梨、洋菇共同出口的盛世。當時加工蘆筍罐頭廠林立，但是蘆筍要放進罐頭時，必須裁切統一尺寸，所以剩了很多邊料、汰品，各大工廠用來做成蘆筍汁罐頭，也就有了南味王、北津津的盛況。

多樣貌的菜市場蘆筍

在市場有小枝一把把賣的小蘆筍，有綠色細細長長的大蘆筍，也有金黃色、白色的胖蘆筍，還有一種較少見的紫蘆筍。蘆筍在未破土前，尚未受到太陽照射，外表跟新生兒一樣的白皙，這時候採收就是白蘆筍。破土之後見到陽光，就會依照不同程度的照射，開始變紫、變綠，就是常見的綠蘆筍了，當然各色蘆筍也會分不同的專門品種種植。

底部切口到底要先切掉多少？這個要看粉刺明不明顯了，因爲台灣天氣炎熱，蘆筍表面容易木質化，底部需要削皮處理，切口會像白頭粉刺，切到看不見粗大毛孔，就不會刮口了。買回家後，蘆筍還是會持續生長，所以菜市場老闆沒賣完，收攤都是擺成站立著冰。如眞的要先冰起來，可以用溼報紙覆蓋再冰，或是先殺青再冷凍保存喔！

POINT 蘆筍 lôo-sún　挑選原則

1. 筍身要夠直，光滑不要有皺褶，鱗片緊貼筍身。
2. 切口新鮮水嫩，不要乾扁纖維化明顯。
3. 筍尖飽滿，含苞待放，不要呈現開花狀。

● 左上：小蘆筍 ● 右上：白蘆筍 ● 右下：綠蘆筍。

NO.15

荸薺

「荸薺」也稱作「馬蹄」，菜市場的估價單寫「馬吉」（bé-tsî）」，作為菜市場的冷門食材，它曾是台灣主力外銷作物，大都栽種於水田，與水稻輪作。

★帶土易保存

★削皮即食方便

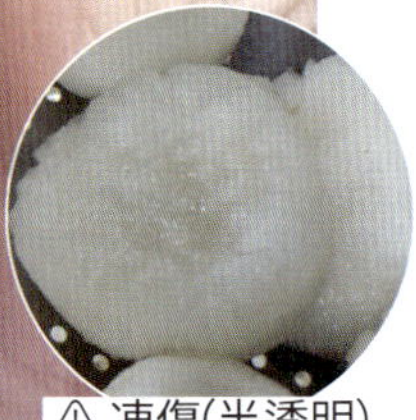

⚠凍傷(半透明)

產季 12～3月

少婦們平日鮮少購買

荸薺往往出現在需要更多前置工序的菜色，像是水餃、雞捲、蝦鬆、八寶丸、馬蹄條等，上場時往往能夠讓嘴巴出現一個驚奇口感，一個讓牙齒咀嚼時每往下咬一分就會有立即的回饋，沙沙的脆口聲，讓耳膜也會產生愉悅的共鳴，臼齒的每一咬動都想要榨出更多的汁水，讓食物的味道能更快速的覆蓋你的味蕾，這個口感直接讓你聯想到水梨，所以得到「地下雪梨」的封號。

你聽過「水八仙」嗎？

相傳八仙過海的八仙在遊江南的時候，爲了對抗水中蛟龍，紛紛把法寶都丟入水中。爲什麼要把裝備都進去水裡呢？可以想像成要抓尼斯湖水怪，大家丟了多少攝影設備進去湖底，大戰後湖底的法寶幻化出八種植物，有個很美的名字「水八仙」，分別是茭白筍、蓮藕、水芹、芡實、慈菇、荸薺、蒓菜和菱角。「荸薺」正是其中一種。

荸薺除了口感和法力加持外，營養價值也是爆棚，除了基本的蛋白質、粗纖維、維生素等，最值得提的是它的鉀含量高，比香蕉還要高耶！

帶不帶皮怎麼買？

一般市場有「帶皮的」跟「懶得削皮的」，帶皮的荸薺常溫保存挺耐放的，要吃再削皮就可以。記得削好皮後，要用清水覆蓋放進冰箱，每天都要換水才不易壞掉喔。

POINT 馬薺 bé-tsî　挑選原則

1. 外型完整，沒有蛀蟲靠傷。
2. 整體硬實不軟爛。
3. 削皮的荸薺表面出現黏液、發黃不要買。

● 傳說八仙的法器幻化而成。

No.16 菱角

講到菱角就想到台南官田，台灣超過六成以上的產地都在台南官田，品質最好的菱角也就在官田。大部分人吃的都是剝好殼的菱角，其實原貌長得很有特色，有人遠遠看覺得像蝙蝠，跟高譚市呼叫蝙蝠俠的LOGO一樣。也有人叫它金元寶，因為兩端有點彎彎倒鉤的邊，實在很像古代的金元寶。

★手工剝好的菱角肉

★果厚＞果薄

★剝好殼

產季9～12月

菱角不紅為什麼是採紅菱

有一首愛情主題曲跟菱角有關，「我們倆划著船兒採紅菱呀，採紅菱……。」音樂一下，腦海就自然響著旋律往下唱完。菱角是生長在水面下的果實，所以必須要搭著小船採收，翻開一片片葉子找菱角，而菱角拔出水面時，的的確確是鮮豔的橘紅色，但是菱角殼中的鍺元素會快速氧化，呈現出暗紅紫色，至於有多深色，跟品種還有水質有關，魚菜共生的田種出來通常會黑一點，而官田的活水田會紅一些。

為什麼越吃越紲喙？

菱角屬於全穀根莖類，熱量卻比白米飯低，含有豐富的蛋白質，膳食纖維也高，礦物質、維生素都不會少，是高優質的複合澱粉，所以入口咀嚼的時候，透過唾液不斷與澱粉發生反應，慢慢轉化出麥芽糖與葡萄糖，所以大腦會感覺到愉悅，越嚼越甜越紲喙，就像是添了柴火的火車頭，一旦啟動後就整個停不下來。

菱角怎麼買才好？

農夫收成時都會把菱角泡在水桶裡，越成熟的就會越沉，因為成熟果實的密度高，果肉澱粉含量多，吃起來的口感就會粉粉的，相反的，浮在水面上的就會脆脆的。

如果是帶殼菱角，水煮三十分鐘即可，要吃時拿出檳榔剪刀開始剝殼，或是用最原始的剁刀對切開來，然後給小孩一根筷子，大概可以安靜半小時。不過收拾也要花個半小時，有時果肉的角度刁鑽，一挖就噴得到處都是，所以還是買剝好殼的回去煮。

POINT

菱角 lîng-kak　挑選原則

1. 菱角越大越好，中間肚子越厚越好，果仁會比較大。整體硬實不軟爛。
2. 紅菱角殼薄無土腥，黑菱角礦物質較多。
3. 兩邊尖角要硬挺，表示新鮮。

No.17

蓮藕

現在幾乎一年四季都看得到蓮藕，但以秋後的蓮藕最好吃，但現在的餐桌越來越少看到它，趕緊支援一下少婦們，讓蓮藕有朝一日重返榮耀。

產季6～2月

蓮花、蓮葉、蓮藕、蓮子

了解蓮藕之前，先來了解「蓮」這個植物，這是一種多年生的水生挺水植物。挺水植物有點難理解，白話來說就是挺出水面的蓮花，挺出水面上就會有蓮葉跟蓮花，蓮花上結的果實就是蓮子，蓮藕是它的「地下莖」，負責儲存養分的部位。

挑蓮藕靠數孔？

有傳說挑蓮藕有訣竅「七孔藕是糯的，九孔藕是脆的」，但是我去專賣蓮藕的老闆那邊問，被笑個半天，直說越粗、孔洞自然就越多，有些營養不良的連洞都看不清楚怎麼算。所以季節對，自然就好吃，蓮藕採收時澱粉儲存越多，吃起來會粉粉的，而過了一段時間又開始消化澱粉來長蓮子，口感就會變得脆脆的。

蓮藕怎麼煮不變黑

蓮藕切片後，最好先泡一下醋水或檸檬水，或是先汆燙殺青一下，因為它很容易氧化，也盡量不用不鏽鋼鍋具或是鐵鍋，這種含鐵的器具都容易加速它的氧化，用玻璃鍋或是陶瓷鍋是不錯的選擇。

蓮藕要買帶土還是不帶土

有些攤位賣蓮藕是洗得白白淨淨，有的帶著整坨泥巴在賣，千萬別誤會是老闆想要多秤泥土賣你，是因為蓮藕很容易氧化，清洗乾淨後幾個小時，就會開始發黑，所以買帶有泥巴的可以多放幾天。

POINT 蓮藕 liân-ngāu　挑選原則

1. 外觀要挑粗的，有多粗買多粗。
2. 不要有外傷、坑洞，不斷節的。
3. 聞起來應該是清新的土味香氣，不要發臭跟化學味。

● 帶土的蓮藕。

No.18

水蓮

物資缺乏的年代，人們常常拔菜來吃，在高雄美濃地區發現了一種美味食材「水蓮」，在地俗稱「野蓮」。正式中文名是「龍骨瓣莕菜」，聽起來就是石內卜魔藥學課程中箱子裡會裝的那種，也許加上咒語就可以解石化？不過大概沒人會這樣叫它，畢竟我們都是麻瓜。

產季一年四季

正港的台灣特有種

水蓮是莕菜屬下的一個品種，全世界大約有五十多種，而台灣的水蓮是台灣特有種。葉子像是縮小版的睡蓮，是一種浮葉性植物，就像浮萍一樣漂在水面上，葉柄會一路往下長到湖底，吃的是去頭去尾的細長葉柄，不是葉子，也不是莖。葉柄內呈現海綿狀組織，造就神奇的特殊口感。

台灣火鍋的新寵兒

早期出現在快炒店老饕必點的「水蓮」，觸角慢慢伸向火鍋業，不難發現陸續已經有吃到飽業者，不計成本，放上一大盤切好的水蓮，成爲火鍋店新旋風。因爲水蓮久煮不爛，還吸飽火鍋湯汁，蘸上自製的蘸醬後，有種就是我調的才這麼好吃的感受。

除了台灣人喜歡這口感外，日本、新加坡、加拿大人也都漸漸淪陷了，這種全新口腔內的體驗，是一種農業文化的侵略，攻進了它們的餐桌。

擾人的一股土味

味覺敏感的族群，很怕吃蔬菜吃到一股土味，尤其是水蓮。但只要去頭去尾後，清洗乾淨，然後下鍋前再泡一下清水，吸飽水分就可以大幅減少土味了！

大火快炒一分鐘起鍋，有些人喜歡來點薑絲佐麻油，入口時帶點蓮花香氣，每口咬下都會在頭顱中發出清脆的巨響！

POINT 水蓮 tsuí-liân　挑選原則

1. 顏色要翠綠，不要墨綠。
2. 要硬朗飽實有彈性，不要軟爛。
3. 沒有變黃、枯萎、爛柄。

菜市場的塑膠包裝。

No.19

大頭菜

這是大家很熟悉但又陌生感十足的蔬菜，很多人叫它大頭菜，其實它是「球莖甘藍」。在市場我們進貨的紙箱上寫著「結頭菜」，台語發音叫「菜扣」（tshài-khok）。在低溫環境下，會啟動「抗凍機制」來累積糖分，所以冬天的結頭菜通常會比熱天的更甜、口感更嫩！這也是為什麼市場裡的老饕，總愛等到天冷才來購買！

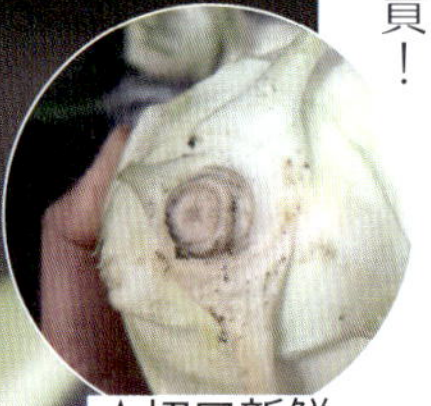

★切口新鮮

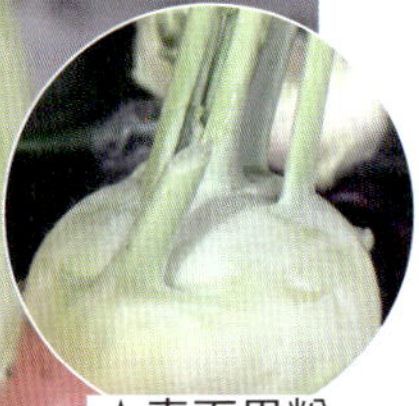

★表面果粉

⚠落甲

產季 11 ～ 3 月

一直讓人誤會的身世

因爲它外觀長得圓圓滾滾，很像白蘿蔔、芋頭那類的作物，俗名叫它大頭菜。其實正式名稱是「球莖甘藍」。沒錯，就是高麗菜的遠房親戚，屬於甘藍家族。結頭菜的學名是「Kohlrabi」，這是德語單字「Kohl（高麗菜）」+「Rabi（蘿蔔）」一個結合字就講明白了！不同的是，高麗菜的養分主要集中在葉子，而結頭菜則把精華養分全存進莖部，導致它變成「典型下半身水腫型態」。所以挑選時，記得要選越重、越沉、含水量足的，這樣才好吃！

大頭菜 vs. 結頭菜：傻傻分不清？

很多人會把結頭菜和蕪菁搞混，因爲國際上「大頭菜」通常指的是蕪菁（Turnip），但在台灣，市場上講的「大頭菜」指的幾乎都是結頭菜。蕪菁在台灣市場很少見，並沒有規模化的種植，只有少數小農偶爾會到市場自產自銷。所以如果你走進市場說要買「大頭菜」，老闆多半會給你結頭菜，畢竟這才是我們最熟悉的味道。

結頭菜怎麼煮

很多人以爲結頭菜只能煮，但在歐美國家喜歡生吃，流行削皮切片，直接當生菜沙拉來吃！口感介於白蘿蔔和蘋果之間，帶一點微微的甜味加上超脆的口感。歐洲人超愛用來燉牛肉，因爲煮久了會帶一種帶奶油香氣的甜味。也有人切條狀，來做大頭菜炒三絲，這樣可以快速上菜。台灣最常見的吃法是醃漬涼拌，這種蔬菜本身帶點清甜味，切片後加上各路祕方醬料，有人會加辣椒、香菜，有人加蒜泥、檸檬角，讓它變成涼拌小菜，口感更脆更紲喙。

POINT 挑選原則

菜擴 tshài-khok

1. 跟蘿蔔一樣，拿起來要比看起來重。
2. 挑表皮翠綠最好還有果粉在上面。
3. 看屁股不要太黑。
4. 屁股落甲越多，表示纖維越老。
5. 小顆的味道濃，大顆的肉較軟，隨人喜好。

＊：落甲為台語，形容東西一片一片掉下的意思。

NO.20

A菜心

這是一種很容易混淆的蔬菜，甚至在菜市場都叫不出名字，叫A菜心，可以想見和萵苣類的A菜有關。在超市可能會標示「萵筍」，某些加工狀態下會寫「貢菜」或「皇帝菜」。

產季 11～4月

雖叫萵筍它不是筍

名字有個筍字但不是筍的蔬菜很多，主要形容鮮嫩脆口的口感，但其實它是「萵苣家族」的成員，所以你細聞它的味道會有點生菜味，切開來也一樣會有萵苣族的特徵——乳白色汁液。最早萵筍也是萵苣的一員，只是得了一種下半身抽高又水腫的症狀，人們一吃驚為天人特別選育這個「莖用萵苣」的品種。

皇帝也愛吃的菜

相傳清朝皇帝有一年收到各地進貢，其中竟然有一款曬乾的萵筍，御廚將它小心翼翼料理後，一盤色澤碧綠的佳餚被端上桌，皇上立馬夾了一塊放入口中，閉口咬下就蹦出巨大的脆響，隨後迎來滿口的甘甜，竟讓唾液不斷的分泌出來，吞嚥後清香餘韻久久不散，龍心大悅之下特賜名「貢菜」的名號。

初心者的料理技巧

1. 先把尾部葉子全部折起來，尾部的幾片葉子也別浪費，可以多出一盤菜出來。
2. 莖部底面切掉約兩公分，挑選合適的長度切成幾段，就可以拿刨刀用力的刨它，削掉一層粗糙的外皮，直到看見祖母綠色的肉為止，這種挖寶石的過程還挺療癒的。
3. 根據想要料理的方式來決定，可以片成一片片，或是切成一段段的絲狀，要秀一下刀工的也可以滾刀切它。

想要一定不失敗、上桌立馬被掃空的，一律建議先做成涼拌，切片後抓一層薄鹽殺青，放置約五分鐘到一小時即可。之後用開水沖洗一下，把過多的鹽分洗掉。接下來就是各地比例、撇步、祕方，可以加點糖、白醋、烏醋、香油，不建議加醬油，會失去翠綠顏色，重口味的加入蒜末、大辣椒、香菜碎，拌一拌就可以上桌。

POINT

萵仔菜心 e-á-tshài-sim　挑選原則

1. 尾部葉子翠綠，保有水分。
2. 莖部不要破損、裂傷、黑點。
3. 底部切面不要發黃、軟爛。

NO.21

大心菜心

今天來介紹一個很少聽到的蔬菜，但過年都會吃到它的「莖用芥菜」，也就是我們市場常見的「大心菜」。菜市場管它叫做「菜心」（tshài-sim）。不過你跟老闆說要買菜心，可能會給你另外一種A菜心。一個是十字花科的芥菜菜心，一個是菊科的A菜心，風味可是完完全全的不一樣，所以為了避免誤會，可以直接說要買大心菜就沒問題了。

★ 菜心尾

★ 菜心葉

★ 菜心葉做成雪裡蕻

產季 12～1月

農民歲末年終的額外收入

水稻秋收後的農田，距離下次春天播種還有一段時間，有些農民會種上油菜花來作綠肥讓土壤來年更肥沃。有些些農民則會選擇種上大心菜心，成長快，害蟲少，兩個月就可以收成，剛好就在接近年節這段時間上市，可以額外增加一筆不錯的收入，採收時除下來的殘葉又可以做成綠肥，眞是一兼二顧，摸蜊仔兼洗褲。

大心菜心的眞實面目

大心菜心是刈菜家族的成員，也就是芥菜的一種，只是生長技能都點在了莖部上，所以造就了膨大且粗壯的莖。菜心全株都可以食用，淩晨剛到菜市場時，尾部其實還有著抽花且飄逸的長髮，我們會特別切十五到二十公分下來，這是老饕才知道的食材「菜心尾」，吃起來特別的苦甘苦甘，完全展示了芥菜家的特色，常用來做芥末風味的衝菜，我們家是都拿來蒜頭爆香快炒，主打吃一個甘苦退火的滋味。

剩下的枝枒側葉也有它的用途，過年時候北部當作「長年菜」賣，只有除夕前三天才會特別賣這個葉子，現在我們則是用來做成另一個熱銷商品「雪裡蕻」。

回家到底怎麼卸甲

很多年輕少婦都不敢買大心菜，因爲壓根不知道該怎麼處理它。別擔心，你不孤單，我剛到菜市場時也不知道該怎麼處理！它有著異常厚實的木質化裝甲外殼，這不是一般削皮刀可以駕馭的。市場用小彎刀從外殼底部削一個口後，一路往上撕用力拉開，這個動作叫「粗撕」，必須把整圈的外殼都粗撕下來後，回到家就可以用一般的削皮刀簡單去除殘皮了。

POINT

菜心 tshài-sim　挑選原則

1. 越粗越好，表示肉越多。
2. 底部切口不要有中空，纖維化。
3. 形狀要直不要彎，表面帶點果粉。

No.22

抱子芥菜

★ 含苞待放

★ 切面新鮮

⚠ 抽苔開花

⚠ 斷面中空

最近娃娃菜一箱一箱的湧進市場，不過這裡講的不是迷你山東大白，是抱子芥菜，也是俗稱的「娃娃菜」。這其實是十字花科芥菜的變種，文謅謅的會叫「抱兒菜」，更雅一點的會說是「人參菜」。不過在菜市場說要買抱兒菜還是人參菜，老闆會滿頭黑人問號。

產季 12～3月

吃水就會胖的基因

芥菜裡面的大芥菜已經夠命苦了，被人家說越胖越厚越好，想不到娃娃菜更慘，它有種吃水就會胖的基因，下半身水腫大概是它的天命，導致整個莖部膨脹到一個不行，楊貴妃那個年代有的話一定很討喜，什麼腰圍身高比統統不適用，反正能夠越粗越好。

和小朋友相似的意象

仔細用想像力看它的外觀，似乎像一堆小孩繞著媽媽轉圈，抑或一群小毛頭在嬉戲玩耍，就是偶爾提早去幼稚園接小孩看到的畫面。也像極了人一樣的手腳四肢，或是整個像嬰兒手掌一般白嫩，白拋拋幼麵麵的，所以叫娃娃菜再適合不過了。

簡單煮就好吃的小技巧

「抱子芥菜」跟高麗菜都是十字花科，所以該有的營養價值都沒少，富含水分，肉質幼綿嫩口，有著芥菜的清香帶點甘甜，卻沒有芥菜的苦澀，是優生學中被相中而大量繁殖的蔬菜，趁時令，趕緊買回去清炒個滑菇娃娃菜，還是勾芡個干貝娃娃菜，一起放進排骨湯中也是高招啊！怕微苦的少婦，也可以先開水燙個三至五分鐘再炒喔！

POINT 抱子芥菜 挑選原則

1. 外觀飽滿底部嫩白，頂部微綠。
2. 尾端沒有枯黃爛。
3. 莖部腰圍越肥大越好。
4. 盡量不要中空有洞。

● 腰圍越肥大越好。

當熟悉的喧囂逐漸沉寂

傳統市場的困境

清晨五點，站在攤位前，看著一個個熟悉的身影慢慢走進來。攤商們開始擺菜、補貨，婆婆媽媽們穿梭其中，討價還價的聲音此起彼落，空氣裡混著蔬菜的青草味、魚攤的鹹腥、肉攤剁肉的聲響，這是我再熟悉不過的場景。

但我慢慢發現，這些熟悉的身影，年年變老，腳步變慢，連話都比以前少了。最早一批來市場買菜的年輕主婦，如今已經六、七十歲，有的拄著枴杖，有的推著菜籃，甚至還得請外傭推著輪椅，才能來這裡挑選蔬菜。

市場還是那個市場，但來買菜的人呢？年輕人呢？

年輕人去哪裡了？為什麼不再逛市場了？

有一次，一位年輕少婦站在我攤位前，猶豫了好一陣子，才問：

「老闆，這是什麼菜？」

「這要怎麼煮？」

「一斤是多少？三人份煮一盤大概要買幾斤？」

每次聽到這樣的問題，我心裡都五味雜陳。不是年輕人不想買菜，而是他們根本不知道怎麼買。這不是他們的錯，而是因為我們的教育體系裡，從來沒有教過「如何買菜」。

在過去，媽媽會帶著孩子來市場，一邊挑菜一邊教：「這是青江菜，那是小白菜，番茄要紅一點的比較甜……。」可是，現在的年輕人從小開始，六日被才藝班與旅遊塞滿滿，大學畢業後就去外地工作，這樣的「生活知識」自然也就沒人傳承了。

市場的營業時間是清晨五點到中午十二點，這對上班族來說根本是平行時空。週末？週末能睡到中午已經是人生勝利組，誰還會大清早來市場買菜？

所以，他們選擇了更符合生活步調的超市、量販店，甚至乾脆外食、外送，市場就這樣被遺忘了。

傳統市場VS.超市量販

菜市場的對手，不只是時間，還有「購物習慣」的改變。

● 超市有冷氣，市場只有汗水

超市有什麼？冷氣、乾淨明亮的環境、標價清楚，沒有斤兩換算的問題。傳統市場有什麼？攤商的熱情和最新鮮的食材、更豐富的選擇。

你的鼻子會聞到正在炙燒豬毛的氣味，手上沾著早上剛到蔬菜的泥土，腳邊可能會濺起地上魚攤剛刮的魚鱗，這些對習慣乾淨購物環境的年輕人來說，不是新鮮，都是髒亂。

● 超市有標價，市場要開口問

年輕人買菜，最怕的就是「不知道價格」，一方面怕問了之後不好意思不買，另一方面又擔心會被坑。超市的價格一目了然，商品有標示重量，這種所見即所得的購物方式，讓人買得安心，不需要什麼貨比三家，不用管北農拍賣行情，買就對了。

而市場裡的價格通常都是時價，每天都有不同的行情，省話一點的老闆還會把價格數字寫在切割下來的紙板上，即使如此你還是滿腦問號，不知道這是一顆單價還是一公斤、一台斤，最後還得開口問：「這怎麼賣？」

這對進了市場就變 I 型人格（社恐）的年輕人來說，簡直是堪比一場又一場的相親活動。

超市可以一次買齊，市場得東跑西逛

傳統市場買菜是這樣，這家買肉得交代一下要除筋膜、打成絞肉，下一家買魚要去鱗去內臟，到了蔬菜攤還要請老闆幫忙撕個地瓜葉什麼的，最後再一站站的回去結帳取貨。

反觀超市，推個購物車，該有的都有，除了生鮮還有百貨，拿點特價中的衛生紙，正在做活動的可樂，還是各大泡麵的促銷，都能一次結帳帶回家，省時又省力。

你說，年輕人到底該選哪一邊？

市場的客人，終究會老去

市場已經營了四十年，當年的年輕主婦，如今已經六十多歲。這群忠實顧客，開始面臨體力上的限制——

有的提不動菜籃了；有的爬不上市場的樓梯了；有的行動不便，只能請外傭來代買；有的買了菜，卻沒力氣搬上公寓的樓梯。

而市場的新客群呢？那些應該逐漸接手家庭大事的年輕一輩，卻因為社會結構的變遷，遲遲沒有遞補上來。

過去，五十歲就可以開始準備退休，市場的客群能夠自然地世代交替。

但現在，政策延後退休年齡，社會經濟壓力大，許多屆退的六十歲人還不願意退休，導致菜市場的客源更少了！

市場，不只是買菜的地方

這裡曾是台灣最熱鬧、最有人情味的地方，攤商不只是商人，更是一群在地四十年的老鄰居、老朋友，是許多家庭成長的見證者。一起經歷七〇年代的股票起飛，一起見證了第一任民選總統，一起度過了金融危機，一起挺過了疫情。不管是菜金飆漲、口蹄疫的豬肉缺貨、禽流感的雞蛋短缺，市場一直都在。

當你下一次走進市場，不妨多看看這些攤商，他們每天凌晨三、四點就開始工作，它們不僅僅是為了自己生活，也是為了服務大家生活中的一環。

但這份生活記憶，還能傳給下一代嗎？

PART 4 BEANS

豆類

★ 有絨毛佳

★ 手工剝會有豆膜

⚠ 泛黃

No.1

毛豆

猜猜看！毛豆是哪種豆？你可能不知道，毛豆並不是特定豆類品種，而是還沒成熟的大豆，當黃豆莢跟黑豆莢成熟度達到八十％的時候採收，此時豆莢上會有一層細毛，宛如胎毛一般，可以說是一個小毛頭的狀態，因為得名毛豆。

產季一年四季

未成年的毛豆，長大會是……

一般豆類大致上分三個類別：

- **蔬菜豆：**菜豆（豇豆）、四季豆（敏豆）、醜豆。
- **澱粉豆：**紅豆、綠豆、花豆。
- **蛋白質豆：**黃豆、黑豆、鷹嘴豆。

毛豆就在蛋白質豆的類別裡，因爲毛豆是黃豆或黑豆的BABY，豆莢裡面的豆，理所當然就叫「毛豆仁」。而毛豆那毛茸茸的外殼，除了保溼的效果外，還有助於防蟲害，防止昆蟲直接叮咬毛豆，想像一下腿毛超多的人，蚊子咬不到那種效果。

台灣的綠色黃金

日本人超愛吃毛豆，通常都整株連著莖桿一起賣，一枝一枝的狀態，所以日文稱爲「枝豆」。在居酒屋的菜單中一定找得到，不管是下酒菜，或是迴轉壽司的小盤中，都會發現枝豆的身影。日本的毛豆需求極大，一九七一年首次從台灣出口後，一直持續到今日，每年都會分級篩選出最高的等級銷往日本，創造出綠金的毛豆產業鏈。

毛豆與毛豆仁，你是哪一派？

市場常見的毛豆賣法分成兩個派系，帶殼銷售以及剝好的毛豆仁銷售，都各有各的擁護者。市場毛豆仁也有分手工剝跟機器剝，比較明顯的特徵是手工剝的還會有豆膜，機器剝得就會乾乾淨淨了，不過營養價值都差不多，可以買一袋冷凍包裝，要吃隨時拿出來，是少婦們冰箱不可或缺的食材啊！

POINT 毛豆 môo-tāu 挑選原則

1. 豆莢茸毛摸起來新鮮有彈性。
2. 豆莢新鮮呈現綠色，發黃豆斑不要。
3. 豆仁飽滿分散均勻，太靠近會萎縮。

長在田裡的毛豆。

No.2

豆芽菜

★去頭去尾就是銀芽

⚠ 莖芽透明

⚠ 葉子綠

⚠ 根鬚發黑

每當葉菜類價格居高不下，熟門熟路的少婦就是自動會轉向去買「豆芽菜」，這是我們菜市場菜價高時，自助餐和便當店配餐最好的選擇。萬年不變的價格，讓它守住市場價格的最後防線，因為豆芽菜不需要下農地，全程只要五至七個工作天，就可以從工廠一批批的出貨。

產季一年四季

豆芽菜神奇的轉變

一般菜市場說的豆芽菜都是綠豆芽，另一種是黃豆芽，來自黃豆發出來的嫩芽，外觀上也很好辨識，黃豆芽的豆瓣十分大，長出來的芽也比較硬些。

讓人擔心的漂白問題

市場最常被問的就是有沒有漂白問題，其實我們進豆芽時只有分成「乾」、「溼」兩種。乾的意思是收成後未過水洗淨，所以通常豆芽上還會帶著綠豆殼，因爲沒過水比較耐放。有些麵店會營業到下午、晚上的，就會買乾的豆芽，使用前再過水一下。

溼的是收成後過大量的清水，把雜質跟綠豆殼等都清洗乾淨，這樣店家拿回去就不用再洗一次，不過會變得比較不耐放，大概下午就會開始變黃，所以都是便當店或自助餐煮中午出餐使用。也就是說並沒有買不買漂白豆芽一事，因爲工廠出貨就沒有這個選項啊！

豆芽菜最佳保存方式

豆芽菜花個銅板價就能入手半斤，一餐很難煮完，到底該怎麼保存呢？常見的有三種保存方式：

- 什麼都不做，裝在塑膠袋裡丟冰箱，大概可以撐三天，葉子綠了，根部發黑像中毒一樣，沒意外也會開始有點異味。
- 長效型冰在冷凍庫，可以冰整個月，但是取出來用的時候，會呈現透明狀，口感也不脆了，咬起來水水的。
- 最佳儲存方式：拿一個保鮮盒，裝滿水將豆芽浸泡冷藏，每兩天換一次水，不然水會臭掉，這樣可以冰上一週，口感依然脆口。

POINT

豆菜 tāu-tshài　挑選原則

1. 豆芽帶有根鬚的好。
2. 早上芽體潔白，沒冰過中午會慢慢轉黃。
3. 聞起來不要有異味。
4. 自家用都建議買乾的。

No.3

四季豆

★ 蒂頭鮮綠

⚠ 風疤

⚠ 小心租客

最近「敏豆」實在是太漂亮了！整箱要找個有蟲洞的都很困難。有少婦覺得敏豆這個稱呼陌生，其實是大家俗稱的「四季豆」，鹹酥雞常點用來贖罪的那個豆。

產季一年四季

敏豆、菜豆、醜豆，到底是哪個豆？

豆科家族是菜市場初心者的雷區，實在很難買到自己念對的豆子，就像大家覺得這菜叫四季豆一樣，其實四季豆是敏豆、粉豆、醜豆的統稱，它也是菜豆屬的一員，但是說要買菜豆，老闆會拿另一種長長的豇豆給你。

以前我也常常站在豆攤前一籌莫展，只能用手指認了。或是嘗試念出你認爲對的名字，像金角大王的紫金葫蘆一樣，有中的才會裝進購物袋。

因爲在市場幾乎一年四季都看得見，也有「四季豆」的稱號，市場我們叫「敏豆」，台語音「命刀啊」(bín-tāu-á)，但你講四季豆，我們也能知道你想要的是敏豆。這是一種少婦與老闆之間的小祕密。

煮這個豆一定要熟透

四季豆富含營養價值，還有膳食纖維，吃起來口感清脆，有股淡淡的甜味，但是豆籽含有一般豆類會含的毒素，一定要熟透才能夠破壞這個植化素，吃到不熟，最常出現的症狀是拉肚子，尤其是腸胃敏感的族群。

有吃過熱炒店的話，不難發現乾煸四季豆的切法，都是斜切斷面四十五度，兩頭尖尖，這樣可以讓豆子受熱面積更大，可以在更短的時間內起鍋！專業餐廳手法，少婦們學起來！

POINT 敏豆 bín-tāu-á 挑選原則

1. 長度約在十五公分最美。
2. 表面光滑盡量筆直，有彈性。
3. 要藏肚，肚子越大表示孩子越大，肉就會越老。
4. 越看不出肚子的絲越少。
5. 有洞的，記得檢查豆筴內是否有租客。

● 藏肚＞籽凸。

No.4

醜豆

這陣子的「醜豆」實在太漂亮，差點就不能叫醜豆了。其實醜豆的學名叫「菜豆」，是菜豆屬的成員，只是菜豆這個名字被更長的「豇豆」占用了！所以，你在市場說要買菜豆，是買不到醜豆的。

產季一年四季

菜豆屬三兄弟

醜豆在菜市場常見的還有兩個兄弟，一個是敏豆（俗稱的四季豆），這個很好分辨，因爲細細長長的。另一個是「粉豆」，外觀有時長得跟醜豆沒啥兩樣，但它的豆莢比較圓滾一些，表皮也比較粗糙。我們菜攤爲了跟客人溝通快速，都通稱是醜豆在銷售，但是手寫估價單時，都是寫粉豆，畢竟筆畫少很多嘛！

農藥殘留怎麼辦

因爲它是連續性採收作物，所以施藥時，一定會有先後採收的時間差，建議洗滌前可以先泡水一下，再活水沖洗。或是炒菜前先汆燙一下也有幫助。

還有一個「皂素」問題需要留意，這是豆類植物天然的防禦機制，若未完全煮熟，容易引發腹痛，不過這也跟個人的毒抗問題有關，泰式涼拌青木瓜的長豆都是生的，吃整盤有的人一點事都沒有，我則是一點點就跑廁所！

POINT 𥻆豆仔 bái-tāu-á／𥻆豆 bái-tāu　挑選原則

1. 不要發黃、風疤、蛀蟲孔洞。
2. 不要彎曲變形，豆仁不要明顯。
3. 摸起來硬朗，不要軟綿綿。

● 左：醜豆 ● 右：粉豆。

★白菜豆 vs 青菜豆

⚠空心

⚠有住客

No.5

菜豆

每當端午節都要介紹一下季節商品「長豆」，也叫「豇豆」、豆角。菜市場管它叫「菜豆」，英文很好理解「snake bean」，看了實體，保證讓你會心一笑。

產季4月～9月

菜豆到底是什麼？

專業人士會說「菜豆」是四季豆，也就是敏豆、醜豆、粉豆的通稱，因爲它們才是屬於菜豆屬一族，但豇豆屬於豆科中的豇豆屬，所以學術上來說，菜豆是指四季豆才對。

但在傳統市場，你跟攤商說要買菜豆，絕對不會買到你想像中的四季豆，菜市場的菜豆指的就是豇豆。

其實大家都沒錯（勿戰），不過在市場上習慣溝通的取名，方便攤商上下游，或與少婦們溝通。就好像說「福山萵苣」沒人懂，「大陸妹」大家猛點頭（單押）。

長條形的外觀威名遠播

歐美稱它爲「蛇豆」(snake bean)，十分貼近它彎彎曲曲的外觀，好比一堆青竹絲掛在樹上一般（抖）。在香港有道菜很威叫「亂棒打死牛魔王」，就是豇豆爆炒牛肉。

有些地方廚師會特別用豇豆切丁，取代韭菜花，成爲獨特口感的蒼蠅頭。還有特別的自然發酵派，泡在整甕的洗米水，或是薄鹽水中進行發酵，三四天後，渾然天成的酸勁，十分下飯。

白菜豆、青菜豆到底買哪一個好？

豇豆分爲白菜豆跟青菜豆，一般家裡煮的少婦大都買白菜豆，比較嫩口，單價相對會高一些些。青菜豆大都是自助餐跟便當店使用，最常被拿來拼便當一青一白的青色菜。另外泰式料理店與泰籍朋友，也是整把整把在採買，不管是泰式豇豆打拋豬，還是泰式涼拌木瓜絲，豇豆都扮演不可或缺的角色。

POINT

菜豆 tshài-tāu 挑選原則

1. 豆子穠纖合度，不要過於乾扁。
2. 不要水傷，較容易腐敗。
3. 不要蓬心，鼓鼓脹脹裡面是空心，最簡單的判別是拿出小拇指比一下，一樣寬就是蓬心了。

No.6

皇帝豆

各位有買過「扁豆」嗎？或是學名叫作「萊豆」的傢伙，以上聽來陌生，但一提到「皇帝豆」，就會如雷貫耳，一種當頭棒喝的感覺油然而生。以上其實是豆科菜豆屬下的品種，有時候會以英文譯名利馬豆（Lima bean）的包裝呈現。

★皇帝豆豆莢

⚠豆莢曲折

⚠外皮有洞

產季 11 月～5 月

好霸道的皇帝豆

皇帝豆是常見的食材，同時也是中藥材，和中藥行說要買白扁豆就可以買到。中醫時常用它來健脾化溼，那跟皇帝又有什麼關係呢？主要是大，大到你覺得不可思議時，就會想這應該可以稱王稱帝了吧！像是南極體型最大的企鵝叫「皇帝企鵝」，海底最大、價格最高的蟹叫「帝王蟹」，最大的豆子，自然就是叫「皇帝豆」了。

去膜還是不去膜

皇帝豆有著豐富的蛋白質、礦物質、維生素群，還有超堅韌的高纖豆膜，但是澱粉含量偏高，被分類在豆類裡的澱粉類，也就是雜糧類蔬菜。

很多少婦會問到底要不要去掉豆膜，這個問題棘手得很，兩派都各有擁護者！堅持連著豆膜一起吃的，主打一個食材全營養，跟地瓜、馬鈴薯都要連皮吃同個概念。不吃豆膜的，主打口感問題，不管是一口下去嚼不爛，還得吐出來的，還是家裡有嫩嬰或是老人家的，畢竟每餐都求爺爺告奶奶，要他們吃下肚都有困難了，就不要在豆膜上爲難彼此了吧！畢竟皇帝豆要除豆膜也十分簡單，汆燙一下沖個冷水，輕輕擠一下就輕鬆脫皮了。

豆類最常遇到的問題是含有皂素，以及植物凝集素等，所以烹煮都必須要完全熟透才能食用，尤其是皇帝豆的體型，一顆抵十幾顆小豆子，萬一沒熟，可能會有噁心、頭痛、嘔吐、腹瀉等中毒症狀！

POINT 皇帝豆 hông-tè-tāu　挑選原則

1. 豆莢結實飽滿。
2. 豆仁位置越凸起，豆粒越厚。
3. 豆粒外觀青綠、飽滿肥厚。

● 新鮮現剝皇帝豆。

No.7

豌豆

★豆仁飽滿

★豆莢胖腫佳

⚠有住客

各位知道「豌豆」嗎？品種分門別類有超多種，有專吃豆子的青豆仁，專吃豆莢的荷蘭豆跟甜豆，也有專吃葉子的豌豆苗。我們就從第一代的豌豆介紹吧！也就是豌豆仁，亦叫青豆仁。

產季 12 月～3 月

遺傳學的起源靠豌豆

爲什麼豌豆有這麼多品種類呢？這個跟遺傳學有很大的關係，十九世紀生物學家孟德爾發展出一套遺傳學的學派，而豌豆就是重要的實驗材料，因爲生長週期短，可以快速組合出想要的遺傳特徵，也就造就了後來的荷蘭豆、甜豆品種。

《傑克與魔豆》的那個豆

這個家喻戶曉的故事中，魔豆展現了豌豆的特性，是一種具有變異性徵的豌豆，只是強化的不是豆子跟豆莢，而是根系發達且強烈的趨光性葉面，導致莖部快速向天上成長，眞是無比強悍。可惜最後因爲要摔死巨人而提早砍斷，沒有流傳下來的豌豆子代！說不定現在也是可以培育出來。

聞風喪膽的三色豆

大家聽到豌豆入菜，最常碰到的菜色大魔王就是「三色豆」。從小學生到上班族，人人聞之色變。經常出沒在營養午餐中，讓很多小孩留下了童年陰影。粉中帶點沙沙的口感，咬下去一點回饋都沒有，隨之而來的是一股豆青味。咀嚼中伴隨著紅蘿蔔丁，除了滿滿的胡蘿蔔素，還有讓小孩子懼怕的紅蘿蔔味，偶爾出現微甜的玉米粒來救世，如此痛苦味覺體驗得進行十幾回合。

其實難吃的關鍵是「冷凍」，蔬菜冷凍後，細胞壁都會撐破，導致解凍的青豆會失去脆彈，就完全喪失了口感上的優勢！如果各位有機會在市場看到現剝的青豆仁，買回家直接清炒三色豆，將會解鎖完全不一樣的人生體驗呢！

POINT 青豆仁 tshenn-tāu-jin 挑選原則

1. 蒂頭新鮮翠綠。
2. 豆莢光滑不要脫水。
3. 豆仁飽滿勻稱。。

● 新鮮的手剝青豆仁。

★發黃

⚠斷裂

⚠靠傷

No.8

荷蘭豆

「荷蘭豆」的台語叫「猴林刀」（huê-liân-tāu），其實不是荷蘭產的，而是當時荷蘭人跟西班牙人在南洋諸島到處插旗，順便帶來的作物，因為荷蘭而來，所以被稱為「荷蘭豆」。

產季 12 月～3 月

豆莢爲強項的二代掌門

荷蘭豆是豌豆經過不斷改良，種出了豆莢扁、豆仁小，豆莢卻意外可以食用的品種。反常的技能樹就像戰士狂點敏捷一樣，明明該是個胖孕婦，活生生點成了紙片人。

這種改良實驗可以追溯到孟德爾，常在教科書看到的豌豆實驗，因爲豌豆的生長週期較其他作物短，短時間可以完成多代的測試實驗，而且植株矮小容易觀察，爲現代遺傳學奠定了基礎，也爲修道院餐桌上多了更多的豌豆周邊菜色。

植物豆的逆襲

荷蘭豆富含維生素A，是讓皮膚亮麗的好食材。但豆類通常都含有「蛋白質凝集素」，是一種天然的防禦機制，爲了讓下一代順利繁衍而產生的物質。這種物質可以說是自然界的有效殺蟲劑，所以常會發現葉子、豆莢都有蟲啃食的痕跡，但是豆仁卻完好無缺。

這種完美機制對上已知用火的人類，卻毫無抵抗力，掌廚的你僅需透過一百度高溫就能破壞這種蛋白質，千萬別爲了貪脆口感，而沒熟透。怎麼知道有沒有熟透呢？吃進肚子大約半小時後就會在腸道開始產生過敏反應，像是腹絞痛、拉肚子等等。

荷蘭豆買回家後，都需要先撕絲，讓口感更好。簡單炒蒜蓉或是快炒花枝，拌炒蝦仁，佐鮮菇等，都是上上之選。

POINT　荷蘭豆 huê-liân-tāu　挑選原則

1. 豆莢越扁越好，豆子越小越好，表示越嫩越脆口。
2. 拿起來硬挺，不要軟綿綿，越軟放越久。
3. 不要有黑斑，不要呈現淡綠轉黃色，表示新鮮度不佳。

● 上：翠綠 ● 下：青綠。

No.9 甜豆

甜豆，也有人叫甜豌豆，豌豆家族中被精心培育的天選之豆，基於人類對農作物的選育，只會留下更好的後代，因為經濟價值更高，市場銷售更佳，不難想見，三代目甜豆有多強！

產季 12 月～4 月

小孩子才做選擇，我全都要

豌豆的培育經過了多層篩選，從豌豆屬的始祖，只能吃豆仁的豌豆，豆莢一律剝完後丟棄，除了費時費人工外，還拋棄了豆莢過半的體積跟營養。

進而選育出連豆莢都能夠食用的荷蘭豆品種，爲了能夠完整地把豆莢吃下去，於是犧牲了豆仁的大小。

但是人類終究會長大，小孩子才做選擇，這個信念讓人類培育出了豆莢可以吃，豆仁還要很大顆才行。並且延續著豌豆基因的優良營養，含有十七種人體必需的胺基酸，還有豐富的維生素A及胡蘿蔔素等。

這樣保存最鮮脆

採收後的甜豆，纖維會隨著時間慢慢增加，所以買回家必須趕緊撕絲，去除豆莢的邊緣與蒂頭處的纖維。如果沒有當天食用，可以先汆燙瀝水冷卻後，再裝入保鮮袋冷藏或冷凍保存，以保持鮮脆口感。

小時候吃甜豆時，都會先吃掉豆莢，把裡面豆仁都挑出來拌飯，最後再跟沾著菜汁的飯一起塞進嘴裡。這才是正確的吃甜豆之道吧！爲了表現對農夫的敬意，下廚的廚師的感恩，十分推薦十二歲以下的小朋友都這樣吃喔！

POINT 甜豆 tinn-tāu　　挑選原則

1. 蒂頭要新鮮翠綠，豆莢外觀不要損傷。
2. 豆仁越大，表示豆莢越老，口感相對較差。
3. 市場是豆莢越小越高檔，價格越貴。

● 初代青豆仁 ● 二代荷蘭豆 ● 三代甜豆。

PART 5 SPICY

辛香類

NO.1

青蔥

很多少婦在菜市場的第一課是買蔥。原本想買蔥，回來發現是蒜苗，聽起來很荒唐，我也曾經是蔥蒜不分的麻瓜，賣蒜苗算青蔥價格，也毫不意外的被老爸臭罵。

★ 蔥白越多越好

⚠ 蟲洞

⚠ 髮尾焦黃

產季一年四季

蔥蒜分不清

仔細看青蔥直挺挺的，髮尾是抓髮蠟尖尖的。蒜苗的根部有個小球狀，裡面是一瓣蒜頭，髮尾是寬版飄逸的軟髮。

蔥，是五葷菜之一，生食生瞋，熟食助淫。大意就是生吃口氣大、火氣大、脾氣大，煮熟吃則會發淫，增加欲望，不利修行。站在科學的角度而言，其實很有道理，因爲五葷大都含有大量的硫化物，主要來自蔥壁內的黏液，撕開來摸起來滑滑的那個就是，十分的刺激嗆鼻，口氣會大，且大都是百合科植物，含有丙烯基、鋅，具有增欲作用，又可以讓血液通順，聽起來不利修道，但有助雙修。

蔥尾要切嗎？

常常有少婦要求把蔥尾切掉，原因如下：

- 沒切太長，放進塑膠袋裡會露出來卡卡，有失少婦氣質，不好繼續逛街。
- 回到家放冰箱太長不好冰。
- 料理時反正都會切掉蔥尾不用，先切掉不要增加家庭廚餘。

但這樣做等同於切掉了過半的營養價值（價格），雖然蔥白比較起來氣味更濃更甜更脆口，但蔥葉中含有葉綠素、類胡蘿蔔素等，這是蔥白中沒有的營養——比蔥白還更營養（還貴）。

蔥白用於增加香氣，爆香使用，蔥葉用來切成蔥花，配色增色使用，蔥根鬚還可以拿來熬煮治傷寒偏頭痛。冬天的蔥價正好，常常一整把不用一張紅的就可以帶回家，整株都可以利用，下次請老闆直接折起來就好，不要切掉！

POINT　蔥仔 tshang-á　挑選原則

1. 葉子尾巴盡量翠綠。
2. 蔥白飽滿越長品質越好。
3. 無腐爛焦黃感。
4. 蔥葉無蛀蟲孔洞。越綠越嗆辣。

● 下：青蒜苗 ● 上：青蔥。

No.2

青蒜

年節一近，是「大蒜苗」的產期就到了，它也稱青蒜，就是那個長得很像青蔥的傢伙，雖然沒列入九年義務教育，但不認識很可惜。

產季 11 月～2 月

長得像蔥爲什麼也叫蒜？

因爲它就是每一瓣大蒜發芽後的產物，以至於它的莖部會有小球狀，跟「青蔥」有明顯的不同，這是分別兩物很好的切入點，畢竟地下莖部裡面都裝著一瓣「大蒜仁」啊！

成長期很詭異，因爲青蒜是蒜仁（蒜的地下莖）發芽慢慢長大，蒜仁發芽後慢慢長成青蒜（白色的部分是地上莖），也就是青少年時期，最後再將養分往地下莖去送，就會再結成很多辦的蒜頭，也就成了蒜頭的媽媽。

青蒜是大蒜的兒童時期，蒜苗葉與莖部都可吃，不敢吃大蒜的人可以嘗試大蒜苗，畢竟過年桌上怎麼能少了一道蒜苗炒臘肉呢！

青蒜是葷的還是素的？

大蒜是葷菜眾所皆知，由此可以推斷大蒜苗就是「葷」的，茹素的朋友應該都沒誤吃它吧？

微微辛辣感是保留了大蒜中的重點物質「大蒜素」，是細菌病毒很害怕的一種硫化素，吸血鬼會怕大蒜大概就是這個原因。也就是說，如果各位少婦家中有吸血鬼出沒，找不到大蒜沒關係，拿大蒜苗來攻擊一樣有效喔！

POINT 蒜仔 suàn-á 挑選原則

1. 莖部潔白硬挺，表面富有水分，摸起來不要稠稠。
2. 葉尾翠綠不要枯黃，越綠越新鮮。

● 遠看真的很像青蔥。

No.3

蒜頭

以前中南部家家戶戶都會在門口曬蒜頭，清明前很多少婦都在臉書上曬「蒜頭」，因為產季就在三、四月這兩個月，如果保存得當，可以放上半年，所以一路到十一月都可以買到。

★ 肉越厚越好

⚠ 發黃

產季 3 月～ 4 月

沒有交配機會的大蒜

在菜市場蒜頭有幾個狀態，剛採收還沒曬乾撥開的叫「蒜球」，市場上剝好一瓣一瓣的，叫做「蒜頭」，台語念「算桃」(suàn-thâu)，剝好皮的叫「蒜仁」，台語念「算林」(suàn-lîn)。

大蒜是一種百合科多年生草本植物，而台灣的大蒜一般不結種子，蒜頭是大蒜無性繁殖的結果，整出來的是一整顆的蒜球。這個球在中西方文化有很大的差異，驅魔電影常看到神父遇到吸血鬼會拿一串大蒜掛在脖子上。

在台灣，我記得小時候阿媽家，會在庭院門口掛上大蒜，一來是為了風乾它，二來也有趨吉避凶的意思。現在你在辦公桌放一串，保證同事都會避開呢！

台灣最強的大蒜黃金組合

台灣蒜比進口的更辣，原因在進口大蒜必須降低水分，長期運輸過程才不會容易發霉，以至於大蒜素含量較少。

全世界大概也只有台灣香腸攤有蒜瓣，在買烤香腸時有生大蒜搭配，是最完美的黃金組合，因為大蒜能夠阻止硝酸鹽轉換成亞硝酸胺，而香腸的油脂又能夠中和大蒜的辣，這個一來一往的過程讓人十分上癮，發明這個組合的人應該有被提名諾貝爾獎的實力。

POINT 蒜頭 suàn-thâu 挑選原則

1. 膜要亮，肉要白，蒜瓣要硬。
2. 如買整顆的大蒜，要挑裡面瓣數較少的。
3. 肉越大越好要白，聞起來有很重蒜味的不好，因為細胞壁已經破掉了，蒜素跑出來了。

● 蒜皮發霉撥開，裡面蒜仁無發霉可食用。

NO.4

韭菜

俗語說「正月蔥、二月韭」，韭菜雖然全年都可收成，但是農曆二月是大家認為最適合生長的季節，溫度不高，日曬不長，所以葉面厚且不老。

⚠過度氧化

⚠葉面枯黃

※新鮮不下垂

產季一年四季

傳說中的起陽草

韭菜是整株作物可食用的莖葉，它是石蒜科蔥屬，聽起來就是葷菜的類別，所以一定也包含了嗆口的硫化物，同時具備了殺菌跟口異味的被動屬性，熟吃容易衝動，又有了壯陽的說法，所以檯面下也叫它「起陽草」，這個附加價值可以讓它更好賣。同時也是超級強的退奶食材，雖然有些少婦對這個退奶免疫，但還是要小心誤食啊！

大韭菜 vs 小韭菜

菜市場大致分成大韭菜跟小韭菜。

大韭菜口味較重，辛辣感強，常用於韭菜水餃這類氣味強烈的內餡。

小韭菜口味較清淡，南部少婦們更爲喜愛，用於一般炒配菜使用。

韭菜是多年生的植物，所以收成時，直接從底部切斷，保留部分的根莖，生命旺盛的韭菜自然而然地就會繼續重新生長，所以也有個「長生韭」的稱呼。這個源源不絕的生長過程，也就是俗稱的「割韭菜」，用在股市、幣圈、直銷可說是十分的貼切啊！

POINT 韭菜 kú-tshài　挑選原則

1. 尾巴不要枯黃。
2. 翠綠保有彈性（手持根部水平一百八十度不垂直落下）。
3. 切割段面新鮮不要氧化過度。
4. 重口味的挑大韭菜，怕嗆辣的選小韭菜。

● 上：小韭菜 ● 下：大韭菜。

No.5 韭菜花

接著要介紹韭菜花，菜市場叫「估彩灰」（kú-tshài-hue），是韭菜家族中最貴的成員，因為韭菜是可食用的莖葉，中間的花蕾花莖就是韭菜花，所以韭菜花貴是有道理的，一欉就一根啊！

★ 花莖漸層越白越好

※ 簡單辨識老不老

產季一年四季

花苞到底能不能吃？

韭菜花是十分挑人吃的食材，大多數人不喜歡特殊的辛辣味，卻有一道人人愛的美食「蒼蠅頭」，必須有它才有靈魂。

很多少婦都會問一個艱難的問題：「韭菜花的花苞到底能不能吃？」這跟同花打不打得過 Full House 一樣黑人問號，畢竟在外面吃蒼蠅頭也沒看到花過。

還曾經有個客人買韭菜花要我把花都切掉，餐廳上菜會切掉花苞，是主廚考量花苞含水量高，炒出來水水爛爛的，會影響整道菜的口感。按照營養價值分布來說，韭菜花過半的價格都在花苞上，不吃花的客人可以買韭菜就好，價格還便宜一半呢！

韭菜花竟然也有花語！

既然被稱爲是花，就應該有花語。還眞的有！韭菜花的花語是奉獻。

被韭菜花祝福的人，善於社交，談戀愛也是主動出擊的角色，在社會上都是重要的領導人物。

所以在路上看到政治人物，記得打聲招呼並祝福說：「你好！韭菜花。」

然後他應該就會回答：「你也好！韭菜。」（大誤！）

POINT 韭菜花 kú-tshài-hue　挑選原則

1. 底部切口不要乾扁纖維感。
2. 接近底部切口越白越嫩，呈現出底部拉一個漸層白上來的最嫩。
3. 花苞不能開，一定要含苞待放，飽滿不乾扁。
4. 當季肉身呈現圓柱形的，越飽滿越好吃。

● 左：花莖扁 ● 右：花莖圓厚。

No.6

韭菜黃

有少婦敲碗韭菜黃，簡稱韭黃，菜市場叫「白估菜」（pe̍h-kú-tshài），韭菜家族中最嬌貴的成員，它的價格不輸給韭菜花。原因是種植的過程需要很多後加工，刻意的不讓它照射到陽光。

⚠ 枯萎脫水

⚠ 潔白飽滿

產季一年四季

防曬第一名的韭菜黃

韭黃在缺乏陽光的狀態下，無法生成葉綠素，所以葉身呈現金黃色，葉子更想快速地往上生長照到太陽，所以質地軟嫩、纖維感低。同時也因爲缺乏陽光，無法生成更多的硫化物，少了嗆鼻刺激的味道，更容易感受到韭黃的鮮甜口感。

產量少，做工繁複，稀有度高，綜合以上條件自然成了珍稀商品。清朝時一度爲了巴結皇上，而成了貢品，所以也稱爲「貢韭」。因爲嬌貴，所以採收後，若在攤位上當天沒賣掉，隔天品項就會變得很差，因此攤販都只會進少少一兩把放著，經過攤位看到，千萬別放過當皇上、太后的機會啊！

一起認識韭菜家族

這個家族看似簡單，但是關係還是挺有趣的，成員包含了韭菜、韭菜花、韭黃，但全都是同一株作物，只是不同的種植方式跟採收時間。

- 「韭菜」是整株植物的「莖葉」，不要傷到根骨就可以重複再長。
- 「韭黃」是不要曬到太陽的韭菜，蓋得暗漠漠，就會白拋拋。
- 在韭菜要抽苔開花的時候採收，就可以得到「韭菜花」一枝，所以採收十分費人力，價格自然也就是：韭菜花↓韭黃↓韭菜。

全部都是葷食，因爲都是同一株植物，也同時都帶有硫化物，嗆辣的口感是它的本命，不想這麼嗆辣或是要給小孩吃的，可以從小韭菜或是韭黃入手，在最當季的時節，趕緊來買一把最好吃的韭菜吧！

POINT 挑選原則

白韭菜 pèh-kú-tshài

1. 頭部葉片越厚、越寬、越好。
2. 尾巴不要軟爛、焦黃。
3. 頭部切面不要脫水、乾扁、泛黃。

No.7

芹菜

你知道嗎？芹菜的食用部位是葉柄，我知道看起來像是莖，但莖只在根上一點點的位置，剩下的生長技能都點在葉柄上了！

產季 10 月～ 4 月

進擊的瘦身食材

今天先開啟一段超瘦身的食材芹菜的人體冒險之旅，它是蔬菜類負卡路里的佼佼者，每一百公克只有十四卡的超低熱量。在你摘下它的葉子時，你的指縫會填滿它葉子油管中的精油；當它接近你的嘴巴時，你的鼻腔會先聞到菊類植物特殊的氣味。這時你體內的基因只有兩種反應，像貓聞到貓草時的愉悅感，或是像聞到屁味的狗兒。

當它進入你的口腔時，透過強而有力的臼齒努力咀嚼著充滿纖維的葉柄，每口必須咬滿三十下的教條這時用上了。吞嚥時得更用力的吞嚥，搭配比燕子還要多的口水量。當它經過咽喉占據了胃部，粗纖維亂交織的蓬鬆導致很占位置，讓你一直有吃飽的感覺。

一路到了腸道，你的身體又找不出對應消化酶來消滅它，不斷的刺激你的腸道蠕動，直到最後關頭，在你發現無力吸收，想將它排放時，全身運氣默想終於在下腹聚集了查克拉，哼哼哈兮的使勁一推，最終結果耗損了兩倍以上的卡路里。

好葉子，不吃嗎？

一般人都只吃芹菜的葉柄，但是葉子的營養成分高超過葉柄更多，鈣質是葉柄的兩倍，維生素 B_1、C 跟蛋白質是葉柄的十多倍，但是說完了，我相信你還是不會吃它。其實依營養成分來說，你花的一百元，大概有九十元的價值都在芹菜葉上面，看在錢的分上，多少吃點吧！

溫馨提醒：買回家的芹菜需要先把葉子摘掉，避免水分透過葉子一直蒸發，會導致葉柄乾扁枯黃。

POINT

芹菜 khîn-tshài 挑選原則

1. 葉柄硬朗、脆性高，葉子翠綠。
2. 葉子不要枯黃有斑。
3. 葉柄不要發黃，破損，折損。

No.8

芹菜管

過年傳統市場有個特別現象，大蒜苗賣得比青蔥好，而芹菜管賣得比芹菜好，這種季節限定商品，和節慶一起，想都不用想馬上放提籃，是眨眼就會沒有的搶手貨。

產季 10 月～ 4 月

這芹菜也長太胖了

很多少婦可能會以爲這是長太老的芹菜，我當初認識芹菜管的時候，也覺得這農民也太散了，都種到芹菜成精了才收割；但事實恰恰相反，這是農民在晨露未散時趕緊收成，才能保持爽脆的口感，也造成不少農夫不太願意種呢！

這是不同於芹菜的獨立品種，跟芹菜的胖瘦發展無關，因爲芹菜管可是特別選育出來的優良基因，會把自己的葉柄撐得虛胖厚脆，而每個地區的芹菜農都會自己育種，所以每個芹菜農都有自己的獨家撇步。

芹菜農可以說是游牧民族，每一次收成後，同一塊土地必須換其他作物種植，幾年後才能再次種芹菜，不然收成的芹菜品質跟產量都會降低，所以芹菜農就要幾年河東幾年河西的跑攤。

就是熱炒才對味！

熟門熟路的資深少婦都知道，芹菜放湯風味濃厚，炒菜用芹菜管最棒。那爽脆的口感，搭配獨特的香氣，有時來點三層肉，有時來點透抽，單純的素炒

杏鮑菇也行，還沒嘗試過的少婦不要錯過，產季差不多只到三、四月喔！

POINT 芹菜管 khîn-tshài-kóng 挑選原則

1. 葉柄硬朗脆性高，葉子翠綠。
2. 葉子不要枯黃有斑。
3. 葉柄不要發黃、破損、折損。

● 上：芹菜管 ● 下：芹菜。

※ 去除纖維

NO.9 西洋芹

有時芹菜爆炸貴的時候，幸好市場還有另外一個替代的選擇——西洋芹，也叫美國芹菜。和芹菜比起來味道更淡一些，不是那麼喜歡芹菜的人，勉強可以吃看看。不過更多的人買它都是為了打汁。

產季 12 月～ 5 月

吃的是葉柄不是莖

西洋芹是繖形科一族，同族還有胡蘿蔔吃的是根，而香菜吃的是葉子。最特別的是芹菜，很容易被誤解是莖，事實上是巨大化的葉柄，是把生物點數都加在葉柄的狠角色。因爲這個超粗壯的葉柄，成了高纖維食物的代表之一，除了可以快速的增加飽食感外，同時促進腸道用力的蠕動。

因爲氣味比芹菜淡很多，所以更適合拿來打精力湯，很多人的生機飲食都是早上弄一杯蔬果汁，主力原料就是西洋芹，精力湯跟綠拿鐵也常加它，塊頭大、汁水多、分量足，這可是歐美流行的飲用方式啊！

西洋芹這麼處理才好吃

很多新手少婦對西洋芹很陌生，完全不知道該怎麼下手。關鍵就是快炒前一定要去除纖維，不然很多粗纖維卡在牙縫。先將西洋芹從底部把蒂頭切除後，葉柄就會散開來，從前端折一小段起來往回拉，比較粗的纖維就會被拉起來。其實過程還挺療癒的，可以玩那種一口氣拉到底，不拉斷的話照鏡子就可以看到未來的另一半。偷懶一點的，其實也可以拿削皮刀，直接在表面輕輕地推一下就好。接下來要切大塊，還是斜切小塊，就看個人喜好了！

料理自帶清爽的風味

西洋芹有一種特殊清新的味道，口感又帶著爽脆，每咬到一口就會榨出更多的汁水，適合搭配任何重口味海鮮，不管是魷魚，還是花枝，軟的口感搭配爽硬的層次風味，這種老饕才懂得享受，實在是太饞人了！

POINT 美國芹菜 Bí-kok-khîn-tshài　挑選原則

1. 葉柄硬挺新鮮青綠色，變黃就是不新鮮了。
2. 切口看氧化程度，也可以看水分足不足。

● 左：切口新鮮 ● 右：氧化過度。

⚠ 葉面焦黃

NO.10

香菜

這是非常兩極化的辛香料，討厭它的人討厭到底，組了專門的粉絲團，甚至還有專門的「國際討厭香菜日」。愛它的人也十分狂熱，從香菜醬、香菜果汁、香菜泡麵等，到夜市小吃豬血糕、肉丸、大腸麵線，也入侵各國文化美食，香菜拉麵、香菜泡菜、香菜PIZZA，已經沒什麼可以阻止香菜人了！

產季 10 月～ 4 月

香菜到底是什麼？

香菜的正式名稱是「芫荽」，菜市場都念「煙嘘」(iân-sui)，是繖形科的一員，它們家族成員都赫赫有名，孜然、茴香、當歸、明日葉、紅蘿蔔等。芫荽原本叫胡荽，可想而知大概又是哪個胡人皇帝覺得會帶衰改掉了。

香菜可能是最早被使用的香料之一，歷史對它一直有不同的使用方法，可以是圖坦卡門法老王的陪葬品，也可以是《一千零一夜》裡的春藥。

古希臘人覺得它的香氣很像椿象的味道，所以香菜的希臘語「koris」有「蟲子」的意思。特殊的氣味用來抹在肉上可以殺菌防腐，直到現在，歐洲人的香腸還會放些香菜籽。而芫荽種子或芫荽葉也有人用來提煉精油，據說能調養消化系統、緩解脹氣。

不吃香菜跟基因有關

香菜有豐富的微量元素，富含維生素群跟礦物質，不過有些人不喜歡香菜，可能跟基因有關。美國遺傳學家做了統計，每五個人就有一個不吃香菜，而討厭香菜的人，體內有一段特殊的基因，讓他們吃到的氣味是「肥皂、蟲、泥土」的味道。

除了香菜外，同時也會讓你討厭芹菜、紅蘿蔔。所以少婦們，當你的小孩吃豬血糕剝掉香菜，還是貢丸湯在挑芹菜，別逼他，可能是來自基因的抵抗，絕對不是叛逆期！

POINT

芫荽 iân-sui　挑選原則

1. 越鮮綠越好，能帶點根鬚的比較能看出新鮮度。
2. 葉面完整越大越好，不要有枯黃爛葉。
3. 不要水傷、折斷。

NO.11

九層塔

「九層塔」在菜市場我們管它叫「高讚塔」（káu-tsàn-thah），在台灣可以說是最佳台味。從中午自助餐的塔香茄子到海產店的炒海瓜子，宵夜場熱炒店必點的三杯系列，連小吃的鹹酥雞攤，最後起鍋都要來上一把九層塔爆香。趕緊買些回家，一起咀嚼這熟悉的台灣味道！

⚠ 黑斑爛葉

產季 5 月～ 10 月

九層塔、羅勒、打拋葉怎麼分？

比較精準地說，羅勒是羅勒屬，是統稱。青醬用的是羅勒中的「甜羅勒」，外觀上的葉形比較像大片不皺的薄荷葉，打拋葉用的是羅勒中的「聖羅勒」，是香氣很淡很淡的羅勒葉。

菜市場的九層塔是羅勒中的「泰國羅勒」，常看到的品種可分成「紅骨」跟「青骨」兩種。紅骨的香氣超足，三杯系這種重口味的料理就很適合紅骨，就像收帳的「衝組」。青骨是淡淡優雅的清香，放在早餐店的蛋餅上，稍微點綴一下氣味就很好，比較像坐在辦公室裡打電話催收的「文組」。

爲什麼叫九層塔

我小時候一直以爲九層塔一定跟塔有關，比如像托塔天王手上拿的寶塔一樣，一定是在寶塔內出產的寶草。其實不是眞的有九層的葉子，取的是九裡面的多的意思，花穗結很多層，葉子長很多層。

不過有個客家朋友跟我說，因爲客家人很省，所以它們叫「七層塔」，直接省下兩層的概念。這背後有辛酸的過去，因爲閩南人搶走了肥沃的平原，客家人山區比較貧瘠，種出來的九層塔比較矮小，層數自然也比較低了！

超簡單的自耕農初體驗

想要九層塔自由嗎？可以在買回的九層塔中，挑一株梗比較長的，直接丟在裝水的杯子或容器內，大約一週後就會發出新的根，可以水耕或是移到小花盆種植，隨手要用就有，有機還新鮮呢！

POINT 九層塔 káu-tsàn-thah 挑選原則

1. 可以有花苞不要開花的。
2. 葉片完整，富有水分。
3. 不要黑斑氧化，有折損容易發黑。
4. 紅骨的氣味重。

● 左：青骨九層塔 ● 右：紅骨九層塔。

No.12

辣椒

辣椒在菜市場通常念「喇交」（luáh-tsio），老一輩的會叫它「番仔薑」（huan-á-kiunn），是茄科辣椒屬植物，也就是跟番茄同個祖宗的概念。

產季 12 月～6 月

辣椒的鴿派與鷹派之爭

辣椒原產於中南美洲，跑船的哥倫布把它帶回歐洲，改變了整個世界料理辣的刻度。同是辣椒屬，性格分類也可分爲鴿派和鷹派：

- 不辣的鴿派：青椒、甜椒、糯米椒。
- 辣的鷹派：朝天椒、魔鬼椒、小辣椒。

辣椒不是味覺是痛覺

辣椒的辣味怎麼來的？很多少婦以爲是「辣椒籽」，事實上是辣椒內的白色內膜，專業名稱叫「辣椒囊」，裡面裝著滿滿的「辣椒素」。所以要辣椒不要這麼辣不是刮掉籽，而是連白色的內膜都要刮乾淨。

辣其實不是一種味覺，而是一種痛覺，酸甜苦鹹才是舌頭上的味覺，而辣椒素是在我們嘴內引發疼痛與灼熱感，所以你可以看到吃辣的人嘴巴腫起來，同時也會產生灼熱感，讓神經誤以爲燒起來了，要趕緊出汗降溫，同時也增加新陳代謝，所以之前也流行一陣子吃辣椒素瘦身。

辣椒本來是透過這種機制讓哺乳類不敢吃它，並刻意讓鳥類可以大口吃辣椒而到處播種，出乎意外的是人類十分的「M取向」，爲了那個嘴腫、屁股腫的感覺而傳播全世界。

整天泡在麻辣鍋店的少婦，需要知道辣椒素是脂溶性的，所以覺得辣時，喝水、汽水、果汁都解不了辣，但是牛奶、優酪乳這種含脂肪的飲品就馬上有效。

POINT 番薑仔 huan-kiunn-／薟椒仔 hiam-tsio-á　挑選原則

1. 表面光滑，飽滿硬朗，蒂頭新鮮。
2. 不要黯淡、乾枯、水傷、腐爛。
3. 辣度跟外觀新不新鮮、成不成熟無關，跟品種比較相關，收成前下雨，也會稀釋辣度，別再問老闆這批幫我挑比較不辣的了。

● 左：大辣椒（辣度低）● 右：小辣椒（辣度高）。

NO.13

青龍辣椒

今天到了一批新鮮的「青龍辣椒」，這樣放標題比較聳動，想説是要辣上天的品種是嗎？其實是傳統市場的「糯米椒」，有著超嚇唬人的「青龍」名號，聽起來威風凜凜，卻一點都不辣，它也是茄科辣椒屬的一員。

產季一年四季

不會辣的青綠色辣椒

這是一種被去勢的青綠色辣椒，跟貓一樣一旦去勢就會開始發胖，外觀像是正在灌料的糯米腸一樣，所以才被稱爲「糯米椒」。可以說是長得像「獅子王的刀疤」，但骨子裡卻是「小熊維尼的跳跳虎」。

偶爾搞點小破壞還是會的，有客戶買回家後來抱怨，炒一盤吃得全家痛哭流涕，生怕鄰居不知道有多孝順也是有的。因爲它本來就是辣椒，在偶發的機率中，把隱性的辣椒素基因凸顯出來，就像是歹竹也會出好筍一樣。

但辣椒系的營養一點都沒少，OMEGA-3脂肪酸、維生素B12，維生素D都是教科書沒少寫的。

越胖越甜的傳說

發胖技能點過頭的還有一種叫羊角椒，天生用來鑲肉的料理。發胖技能點滿就會得到青椒，再點些甜度跟顏色就會得到甜椒。

各位少婦不妨這週來點：青龍紅辣椒炒五花肉配點小魚乾再佐點豆干，完成一道漂亮的五連擊吧！

POINT

青薟椒 tshenn-hiam-tsio　挑選原則

1. 細細長長比較好，太圓太胖，裡面的籽比較大顆，影響口感。
2. 表面青綠不要深沉，硬朗不軟塌。
3. 蒂頭不要枯黃萎凋。

● 偶爾也有會辣的糯米椒

● 左：青辣椒 ● 右：糯米椒。

NO.14

薑

節氣一到「立冬」，天氣便微微轉涼，母鴨脖子都緊張了起來，當然這是個地獄哏，因為被推上斷頭台的幾乎都是公鴨。但我們要討論的不是鴨，而是薑母鴨的「薑」，正確來說斷句是「薑母。鴨」。

薑怎麼這麼多種

在菜市場你說要買薑，老闆會問你要買哪一種薑，是要煮什麼料理用的薑，雖然以下是很常見但是長相十分不同，可依照不同的生長期分成：

● **嫩薑：**種植四個月，剛發芽而成的薑，體型細長，纖維細嫩，較爲多汁。

● **粉薑：**種植六個月，未成年的薑，體型飽滿，外皮呈現褐色且較粗。

● **老薑：**種植十個月以上，完全成熟的薑，薑辣素含量最高，纖維粗，肉偏黃。

所謂「薑是老的辣」，老薑比起嫩薑及粉薑，薑辣素含量更多，辛辣度也最高。但是煮薑也不完全都是要拚辣度，一個大原則，要吃下肚的用嫩的，純料理求功效的用老的。

所以小籠包或是薑絲大腸的生薑絲、日本壽司的醃薑片，都是用嫩薑來製作。而粉薑是用來調節料理的屬性，什麼涼屬性的菜系，都可以用粉薑來中和。而老薑就是強效的暖身子用的，薑母鴨、三杯系列、乾煸系列、薑茶，還會佐上一些麻油來強化。

薑的佛系保存方式

水分多的嫩薑，要保持嫩度不老化，只能密封放在冷藏，減緩它的生長欲望。粉薑老薑的外皮厚，所以丟在常溫陰涼處就好，比較要避免的是受潮，長出新芽還是可以食用，發霉就不行了喔！

POINT 薑 kiunn　挑選原則

1. 嫩薑：表皮白皙，無過多的節點。切口可以看到纖維感的較老。看起來像嬰兒手指的就對了。
2. 粉薑：表皮看起來金骨金骨的是特等品。
3. 老薑：莖要粗大，不要細細長長。出新芽的不要挑 。

● 左：嫩薑(四個月) ● 中：粉薑(六個月) ● 右：老薑(十個月)。

NO.15

巴西里

「巴西里」是一種蔬菜，但大都用來當調味，也有人稱香芹、洋香菜、歐芹、洋芫荽，菜市場都管它念作「巴西栗」（parsley）。總之就是一個舶來品的名稱，市場一般分成皺葉跟平葉。菜市場常見的是皺葉巴西里，是中餐廳的客戶比較會用到，而西餐大都使用平葉巴西里。

★ 葉柄新鮮

⚠ 枯黃

產季 11 月～3 月

獨特、強烈、又不失優雅的氣味

巴西里的香氣十分清爽獨特，沒辦法用芹菜、青蔥或是香菜等類比去形容，雖然也叫洋芫荽，但我覺得被使用能見度跟香菜一樣廣泛，是一種專屬於歐洲的香味記憶，像是香茅就會想到泰國，山葵就會想到日本，喝到班蘭葉水就會想到馬來西亞餐廳，而巴西里的香氣最適合歐洲。

運用範圍從施咒到戰爭

巴西里在巫術界可是常出現的配方之一，神奇的大釜中，加上一些巴西里，通常用來做保護或是淨化類的魔藥，這跟它的殺菌功效有正相關，在羅馬時代就常被用來當作草藥，幫助消化和活血化瘀。希臘人會用來餵戰馬，讓戰馬體力跟耐力值提升，讓長途行軍更加順利持久。

中餐與西餐文化的差異

巴西里其實很常出現在料理中，歐式料理幾乎都會加一點，高檔的異國風味沙拉不能沒有它，平葉巴西里切碎後混拌在沙拉中，增添了一些你不知道的神祕香氣，咀嚼時，腦袋會一直跳出高貴（價格）的氣息。

但中式餐盤常見到的是皺葉巴西里樣貌，大都用於廚師的美學擺盤，尤其是合菜或辦桌中一定會出現的配角，像是冷盤生魚片、海鮮拼盤或是涼拌小菜旁，在物理上有抑菌的效果。

別再問那個可不可以吃、是不是塑膠葉子，那絕對是可以吃的，不是花瓶，也不是布景，更不是營養不良的青花菜喔！

POINT

巴西里 挑選原則

1. 梗莖翠綠硬挺，不要發黃爛掉。
2. 葉面飽滿深綠，不要脫水枯萎。

過節前，來菜市場走走吧！

菜市場的節慶

現代社會節慶的氛圍正悄悄流失。行走在城市的大街小巷，能見到的節慶裝飾，多半是源自西方的聖誕節、情人節、萬聖節，連萬聖節的南瓜燈都變得比中秋的月餅更常見。

在百貨公司、超市、量販店中，過年的氛圍似乎僅僅停留在紅色裝飾與咚咚鏘的重播音樂中，更多的時候聚焦在搶購限量福袋中的大獎，背後的文化意涵卻變得空洞且商業化。

在傳統市場這個平凡普通的地方，卻保留著最原汁原味的節慶文化。

節慶文化的單薄化

隨著生活節奏加快，現代人對節慶的重視程度越來越低。許多節日只是行事曆上的紅字，甚至被視為放假的藉口。過年過節的習俗逐漸被簡化，年夜飯從家中自煮變成飯店套餐，拜拜也從繁複的祭品變成便利店一包包的簡化組合。這些節慶正在失去原本的活力。

在百貨公司裡，過年被包裝成促銷季，各式福袋琳琅滿目，但其中的祝福意涵卻被淡化：情人節、聖誕節更是充斥著商業氛圍，充滿購物指南和打折資訊。

菜市場中的節慶傳統

走進菜市場，你會發現節慶的文化還活生生地存在著。這裡的節慶，不僅僅是商業活動，更是代代相傳的生活智慧。

過年

除夕前，市場裡的水果攤開始忙碌起來，每顆蘋果、橘子都細心綁上紅色蝴蝶結，寓意平安、吉祥。

年糕、發糕、蘿蔔糕等年節食品也開始熱賣，象徵著步步高升、好運長久，各式的寓意蔬菜上陣，好彩頭的白蘿蔔、象徵長壽的長年菜，連韭菜也成了長長久久。即使不買花，也幫家裡添上一顆象徵旺旺來的鳳梨吧！

元宵節

市場裡不只賣湯圓，還有必須用手工滾製的季節限定元宵，讓人重溫傳統手藝，也保留了元宵節應有的文化風味。

端午節

各式各樣的南北粽大戰正式開打，整把的菖蒲、艾草一同綁好販售，菜攤上也會大量準備當季的茄子、匏瓜、菜豆等「午時菜」，這些都蘊含著祈福、辟邪的意涵。

中元節

普渡的日子，市場裡充滿各式三牲、素三牲，甚至連拜拜用的空心菜都特別新鮮，這是百貨超市裡難以見到的景象。

在菜市場中，這不只是一種商品陳列，更是一種生活方式、一種對傳統的堅持。

物質中的非物質文化遺產

菜市場賣的是食材，但傳遞的是文化。

每一顆蘿蔔、每一塊年糕、每一粒元宵、每一把艾草，都有一代傳給一代的文化記憶。在這裡，節慶文化不需要「每年」購置環保大型花燈、不需要搭建臨時的年貨大街，施放短暫絢麗的煙火。

市場內的攤商為了能讓商品更具吸引力，自然會用最貼切的方式去包裝、去展示這些節慶的元素，也是最自然的文化傳承。

找尋文化的最佳場所

當我們走進菜市場，不僅僅是在購買食材，也是探索台灣各種節慶文化的根源。政府不需要花費大筆預算去刻意營造節慶氛圍，因為這裡早已自然而然地承載著這些文化。

當你下一次走進市場，不妨細細體會，那些看似尋常的商品背後的文化故事。或許也可以想想，菜市場，真的只是一個買菜的地方嗎？

PART 6 MUSHROOMS

菇

No.1

生香菇

介紹一個你可能覺得不需要多說的「香菇」，因為實在太大眾了，幾乎兩三天都會出現在餐桌一次，秉持著從小玩超級瑪莉，吃香菇會長大的信念，到底誰不愛吃香菇呢？

★ 菇面絨毛

★ 菌傘厚實，未開傘佳

⚠ 發黑軟爛

產季一年四季

香菇是蔬菜嗎？

在台灣，菇類總是被歸類在蔬菜區，大家也常在菜攤上找香菇。不過，在菜市場其實是有專門賣蕈菇的攤販。菇菇不會動，所以不是「動物」，但不會動，就聽起來很像「植物」。因爲菇類生長的方式幾乎跟植物一樣，生長在潮溼的森林裡，大雨過後就會慢慢破土而出，自古以來就被當作農作物在採集跟販售。但是植物的細胞壁是纖維質構成，而菇類的細胞壁是幾丁質構成，也不會行光合作用，而是直接透過菌絲滲透取得營養，因此其實是獨立在「眞菌」的類別中。

到底有沒有農藥

網路上看到大家吵得沸沸揚揚的，香菇到底有沒有農藥殘留問題，一部分的人說到，因爲香菇都是太空包種植，所以沒有蟲害問題，不需要特別使用農藥。但是因爲部分香菇的產地是半開放的菇寮，還是有病蟲害的問題需要農藥解決。

不過在一〇八至一〇九年的農試所抽驗報告中可以看到，兩百件抽驗全數合格，只有六件檢驗出農藥，在安全範圍內是百分之百合格的！

香菇的料理前置

有些菇要洗，有些不要洗，到底要不要洗，連不是少婦的我都搞糊塗了。其實跟上游廠商有很大的關係，像是全室內種植的金針菇、鴻喜菇等，不用過水洗，菇柄切除就可以。而香菇種植在半戶外的菇棚內，則需要簡單的過水沖洗，主要目的是把表面的灰塵洗掉，千萬不要浸泡。

如果你料理食用的對象很挑口感，像是沒牙口的長輩，吃完都會把菇柄放桌上的歪嘴雞老公，懶得咀嚼的親生孩子，可以把菇柄部切下來再入鍋料理。但是千萬別丟，熬湯時可以放進去煮，或是丟冰箱脫水，再打成香菇粉末，就會得到純天然的「香菇味精」喔！

POINT

香菇 hiunn-koo 挑選原則

1. 菌傘越開，品項越差。
2. 肉越厚越好，表面不要生水。
3. 按壓有彈性，不要塌陷。
4. 菌傘完整，盡量不要奇形怪狀。
5. 菌褶呈現黃褐色或變黑，代表已慢慢變質。

No.2

乾香菇

菜市場除了賣菇類的攤販銷售生鮮香菇外，還有五穀雜糧的攤販會銷售乾香菇。很多少婦對使用的時機很陌生，什麼料理要用生鮮，什麼時候該用乾貨，其實兩種香菇有很大的不同。

★ 厚度越厚

★顏色越深

產季一年四季

生鮮香菇 vs 乾香菇

生鮮香菇含有豐富的多醣體及蛋白質，不過有些人會特別討厭生菇味，就像是有些人吃到香菜、芹菜、茴香的感覺一樣。而乾香菇恰好解決了這個問題。乾燥時的生香菇，會開始發生梅納反應，讓生菇味轉換成另外一個滋味，其獨特魅力讓不喜歡的人也愛不釋手。

乾香菇特殊的風味

香菇在梅納反應時凝結出了特殊風味，包含了滋味及氣味，同時提供了味覺及嗅覺的食物感官。滋味的來源是香菇蛋白質轉換成天然的鳥苷酸，也就是饒舌的鳥嘌呤核苷磷酸二鈉，提供的鮮（甘）味，是一般味精的百來倍，大家也可以在泡麵或是洋芋片的成分表發現它！

乾香菇還會散發名爲香菇香精的硫化物，這是香菇在被酶分解時產生的物質，十分迷人，讓你隨時都可以將這香氣融進料理。

乾香菇發泡的小祕方

爲了讓乾香菇能體現其優勢，我們沖洗香菇只是爲了洗掉表面灰塵，快速的過水帶一下就可以，接下來用常溫水進行發泡還原，千萬不要用熱水，因爲熱水會揮發掉香菇香精。

如果是臨時要用，不得已用熱水泡發，可以加上蓋子不要讓水蒸氣散發，像提取純露一樣。這個過程也跟泡茶葉一樣，泡得越久顏色越濃，把香菇滋味、香氣、營養成分，溶進水中變成香菇水，這可是拿來炒菜、煮湯的神器啊！

本土 vs 進口乾香菇怎麼選

有太多少婦問我，如何分辨進口菇和台灣菇，我要先說進口香菇沒有什麼問題，但我反對把進口香菇當作台灣香菇賣，因爲這有欺騙消費者的嫌疑。台灣小吃的確需要大量的香菇，從端午肉粽、肉圓、香菇雞湯，到年貨佛跳牆，乾香菇在台灣料理中的地位無庸置疑。

但因爲本土香菇供給往往達不到需求數量，所以需要大量的進口香菇應付市場需求。

進口香菇的外觀特徵

回歸主題，進口乾香菇有幾個特徵，外觀十分好辨別：

● 菇柄

進口香菇的菇柄幾乎都被剪個精光，因爲運輸這種重量輕、體積很大的物件，運費計算的標準都是用材積計算，所以怎麼壓縮貨物的體積就是重中之重。圓形的香菇在疊放空間上已經是很大的耗損，再加上長長的菇柄，讓耗損從面積變成體積，所以把香菇腳剪掉整平，是最簡單可以省下運費的做法！

● 菇面

進口香菇在第一次烘乾後，會用溼布再抹平表面，讓表面光滑油亮，而台灣香菇沒有這種工序，所以表面都皺巴巴的。

另外，台灣菇面大部分不會有過多的裂紋，如果是要達到漂亮花菇的狀態，那需要日夜溫差很大的因素，才能造成漂亮的菇面開裂，形成花菇的樣貌。所以市場只要是整朵香菇都是花面，通常九成是進口香（花）菇。

● 進口花面 vs 台灣微裂

● 進口無腳 vs 台灣有腳

● 進口光滑 vs 台灣皺褶

傳說中的香味

乾香菇的乾燥過程會產生香菇香精，聞起來讓人有種愉悅感，彷彿是來自動物的本能反應，對充滿胺基酸的食物無法抗拒，在埔里我們都稱這個香氣爲牛奶香。

而進口香菇會有部分業者宣稱的臭殕芳（tshàu-phú-phang），主要是香菇香精夾帶著霉味，所混合出來的特殊氣味，聞起來除了臭殕外，還多了一股酸勁。因爲運輸的路途遙遠，加上體積大的貨物運輸幾乎都是海運，所以受潮的風險大大提升，想在長途運輸中溼度保持十五%以下的乾燥狀態，難度很高，這是進口香菇最致命的問題。

如何確保買到的是台灣香菇

用上述法則加上圖片對比，應該可以判斷出九十%以上的進口香菇。

其次消費者也可以直接問有固定攤位的老闆，因爲他們不會爲了這單生意，損害了自己的商譽。經營時間越長久的山產行，自然會更愛惜自己的羽毛。

POINT

焦的香菇 ta ê hiunn-koo 挑選原則

1. 菇傘完整，不要破碎。
2. 菇傘越厚越好，香菇香精含量越高。
3. 輕敲有木頭的聲音，不要潮溼軟塌。
4. 菇柄要長，太短可能是進口菇。

● 挑選有信用的老店家。

No.3 杏鮑菇

「杏鮑菇」，大家聽到這個名字第一個想到的是什麼？只看「鮑」字，應該就是一種滑滑嫩嫩，又高級感充滿滿的菇吧！「杏鮑菇」的確是鮑魚菇中的一種，是眾多鮑魚菇中最好吃（賣）的，起碼歐洲人是這麼說的。

產季一年四季

菌菇界的台灣之光

杏鮑菇原本爲鮑魚菇屬，被農試所培育出全新的樣貌跟滋味。

菇傘短了，菇柄壯了，質地更軟嫩了！還散發一股微微的堅果氣味，切片一吃，口感如鮑魚，透出一絲絲杏仁香氣，於是取名「杏仁鮑魚菇」，簡稱「杏鮑菇」，日本、韓國、中國都跟進使用。

杏鮑菇因爲菇柄組織緊密，纖維含量是蔬菜的三倍，是吃一根抵一把青菜的概念啊！蛋白質含量又高，被稱爲「素食界的牛肉」，對於增肌的族群、小孩烏焦瘦 (oo-ta-sán) 的、爺爺奶奶不喝安素的，都是很好的補給來源。

長白髮的杏鮑菇到底能不能吃？

經常有少婦問：「老闆，我家的杏鮑菇長了一堆白絲，這還能吃嗎？」

先說，那些細細白白的絲狀物，其實是菇類的菌絲體，意思就是：這朵菇還在生長！同時金針菇、鴻喜菇、美白菇一樣會有，都是菇類的自然現象。

只不過這些小包裝菇類通常一餐就能消滅掉，不會放到它們長菌絲。但杏鮑菇就不一樣了！一袋十幾支，還有美式量販店的巨無霸包裝，吃起來又有嚼勁，分量又超級足，一餐吃一支都有點累人，誰會連續三天都炒杏鮑菇？結果剩下的半袋，就這麼被遺忘在冰箱裡。如果冰箱的溫度不夠低，加上袋子裡面的水氣持續循環，菌絲體就慢慢長出來，等到某天翻出來，發現它們「爆炸長毛」，嚇得差點直接丟垃圾桶！基本上只要是白色的，沒怪味道，沒變黏，就可以安心吃！但如果開始發黃、發紅、發黑，聞起來有酸臭味，摸起來黏糊糊的，那就該丟掉了！

當然，爲了保險起見，我還是那句老話：「有疑慮就別吃，別爲了一點小錢傷了身體！」畢竟，每個人的容忍度不一樣。

怎麼保存才能放更久？

大部分的少婦都是煮一餐、綁一綁、放回冰箱，等下一次再見到它時，就變成了「白毛怪」。

那有沒有辦法讓杏鮑菇放久一點又不長毛？

- **懶人法：**直接放冷凍！這樣根本不用擔心保存期限，雖然解凍後口感會比較潤一點，但還是能吃。
- **厚工派：**用眞空機把杏鮑菇密封起來，這樣冷藏也能放更久，菌絲長不出來。
- **簡單實用法：**
  1. 先用乾淨紙巾擦掉表面的水分，再用紙巾包起來。
  2. 裝回袋子後，把裡面的空氣擠掉，再放冰箱冷藏。
- **我的懶人大法：**直接在袋子裡丟兩張擦手紙，當作防潮包吸溼，就能延長保存期限。一樣懶的少婦可以依樣畫葫蘆啊！

除了冷凍之外，不外乎就是斷絕杏鮑菇的成長條件，有效的控制水、溫度、空氣，這些方法不敢說百分之百萬無一失，但比起原封不動丟進冰箱，眞的能讓杏鮑菇存放得更久！

POINT 杏鮑菇 hīng-pau-koo 挑選原則

1. 整支完整無開裂。
2. 菇傘不要太大，菇柄粗直。
3. 菇柄堅挺有彈性。
4. 色澤乳白，黃色表示氧化了。

● 傳統市場才有賣的杏鮑頭。

★底部白淨

★菜市場包裝

★菇越大，菌傘越黑

No.4 洋菇

「蘑菇、蘑菇，躲在市場的角落……。」家裡有小小孩的少婦們，是不是也被這首歌給完全洗腦了！我在家裡聽了兩三個月，開車也要唱、洗澡也要唱，這首歌中的「蘑菇」，就是我們市場常見的「洋菇」。

產季 11 月～5 月

好多好多的名字

洋菇是歐洲最早人工栽培的菇類，當他們發現在馬廄旁的馬糞中長出了白色的菌菇，稱為「馬糞蕈」。

全世界只有台灣稱為「洋菇」（iûnn-koo），可想而知是海外來的舶來品。當時推廣時用「白色松茸」稱呼，所以市場流傳下來的台語發音叫「茸仔」（jiông-á）。

蘑菇是幼年期的稱呼，等蘑菇成熟了，菌傘會撐開來，傘下會有一片黑漆漆的孢子，和蘑菇完全不一樣，有包裝會寫「波特菇」，有些會寫「貝拉菇」。

洋菇外銷熱賣成為稻農的年終獎金

早期水稻收成後，農民就拿稻梗來種洋菇，當時台灣的水稻田很多，相對農業廢棄物稻梗就會很多，所以把稻梗拿來種洋菇成了當時的顯學，而且還有不錯的額外收入。家家戶戶都在種洋菇，產量遠遠高於內需，最後加工製成罐頭外銷，讓台灣得到「洋菇王國」的美名，也讓農民多了一筆可觀的收入呢！

洋菇需不需要清洗？

洋菇蒂頭都會黑黑髒髒或是紅紅的，那是切口的自然氧化反應，現在已經不用馬糞來種植了，而且台灣更是用稻草來當基底，所以不用特別清洗、浸水，這樣除了會讓洋菇風味流失之外，也會變得不易保存。頂多下鍋前，活水沖一下，再用廚房紙巾擦乾。

買回家怎麼保存

在菜市場買的洋菇，通常都是長方形的保麗龍盤，用保鮮膜封起來，直接放進冰箱，可以冰三至五天。如果已經打開，剩下的洋菇最好用廚房紙巾包起來冷藏。一週吃不完的話，可以直接放冷凍庫，或是先簡單汆燙一下再冷凍，可保存一個月以上。

POINT

茸仔（jiông-á） 挑選原則

1. 外觀完整，不要有破損。
2. 看起來表面乾燥，無水氣，不要黏稠。
3. 大顆、小顆都沒問題，菌傘不要打開。

No.5

草菇

為你介紹一款限時美味——「草菇」，名符其實因生長在稻草上而得名，獨特口感與鮮甜風味，讓喜愛的人一試成主顧，在菜市場看到都忍不住想要提袋帶走。

★ 蛋型的剖面

★ 像極了鳥蛋

⚠ 過熟，菌傘撐開

產季 6 月～ 8 月

稍縱即逝的美味

草菇是最嬌貴的菇類之一，保存期限極短，一般的菇類冷藏可以保存一週，但是低溫會導致草菇冷傷，加速軟化。最好的保存溫度是在十五度上下，即使如此也只能放二到三天，市場流通變得很不方便。

攤商通常只有一天的時間將草菇賣完，隔天若還有存貨，菇體變軟、失去光澤，賣相下降後更不容易出售。這也使得新鮮草菇變得可遇不可求，成爲市場上的「限時美味」。

獨特的鳥蛋外觀

在專賣菇類的攤位上，有時會發現一堆灰黑色的鳥蛋，仔細一看才會發現其實是「草菇」。因爲最佳採收時機是菌菇還沒開傘時，這時候口感最嫩、風味最佳。如果讓菌傘完全展開，草菇的纖維會變粗、口感變韌，不僅影響食用口感，也更不容易保存。所以農民在草菇仍保持蛋型時就搶先採收。

跟著洋菇一起出口賺外匯

草菇的種植方式與洋菇相似，但是需要的溫度剛好相反，因此許多農民選擇在種完洋菇後，於炎熱的夏天改種草菇來增加收入。但九〇年代後東南亞國家以低成本競爭，台灣的草菇出口逐漸萎縮，種植規模大幅縮減，如今台灣僅剩少數地區仍有草菇生產，新鮮草菇變成偶發性才會出現的稀有食材。

草菇不要隔餐再吃

菌菇類都是眞菌，含有大量蛋白質，在適合的條件下，就是細菌超喜歡的環境，隔餐或是隔夜再食用，都容易滋生細菌，而草菇更是高風險食材，所以煮了就馬上吃完吧！

POINT

草菇 tsháu-koo 挑選原則

1. 外觀完整，呈現蛋型。
2. 顏色均勻，灰白或淡褐色的漸層色。
3. 發軟、發黃、出水的不買。

No.6

秀珍菇

菜市場常見的「秀珍菇」，是真菌界中的側耳屬，側耳的意思是菌柄是向側面生長的，所以你可以看到它的菌傘都斜長一邊，接近的同一屬中還有鮑魚菇和杏鮑菇。

★菌褶緊密

⚠NG 破損

產季一年四季

到底是秀珍還是袖珍

有時你會看到有人寫袖珍菇，可能想表示它很小巧迷你，但其實秀珍菇的秀珍，是因爲早期進到台灣時，十分嬌貴，秀麗且珍貴的含義，才會取「秀珍菇」。雖然現在普及價格也低了，但營養價值還是很秀珍喔！

到底該不該清洗

秀珍菇在傳統市場中都是散裝販賣，因爲採收時已經將菌絲體混合木屑的部位都切除，所以不用特別清除木屑，基本上不用清洗，可以直接下鍋。如果擔心老闆或其他客人觸碰問，可以料理前快速過一下清水後擦乾，不然菇傘會開始軟爛塌陷，如不快點煮熟，就會開始孳生細菌。

營養成分超乎想像

秀珍菇具備了蔬菜的維生素、礦物質群、B群外，超豐富的蛋白質含量，有人體無法合成的九種胺基酸中的八種。更難能可貴的是膳食纖維含量高，幾乎沒有脂肪成分，補充營養又幫助排宿便，親民的價格，讓你月底都還吃得起呢！

POINT 秀珍菇 挑選原則

1. 菇柄潔白切面整齊。
2. 菇傘不要太開、不要碎裂。
3. 菇體摸起來不要稠稠黏黏。
4. 放久會變黃，越黃越不新鮮。

No.7 鴻喜菇

每當葉菜菜價起起伏伏，堪比雲霄飛車之時，就來吃點菇類壓壓驚吧！這裡介紹大家常見的「鴻喜菇」，是日本引進的高經濟價值品種菇，經過台灣的農民選育，已經可以做到四季皆有產，而且產量穩定價格實惠。

★保鮮袋裝

★切除線

⚠注意袋子破損，菇體容易爛

產季一年四季

到底該洗不該洗

菇類最常被問到的是，需不需要洗？這個問題來自限制型信念，我們從小被框架給框住了，食材就是要清水洗淨，才能清除細菌、灰塵和農藥。

但是這個觀念在菇類完全不適用，尤其是室內種植的菇種，鴻喜菇因爲生長需求，要控溫在十到十四度才有最佳產量，所以完全都在冷氣房內中種植。還要透過滅菌完全的太空包技術，所以室內也要做到滅菌，才不會意外養出其他菌種，汙染太空包而影響產量。因爲完全在室內，不需要噴灑農藥，也不會有灰塵的問題，實在可以大大的放心直接下鍋料理。

需要煮熟的菇類

鴻喜菇的營養價值繁多，其中有一種鳥苷酸爲主要鮮味物質，正是鴻喜菇的鮮味來源，這也是有些人感到苦味的來源。因此又培育出了長手長腳的兄弟「蟹味菇」，菇攤老闆說比一般的鴻喜菇少了苦味。還有脫離一欉欉的外觀的「黑眞菇」型態，連根部都幫你切齊乾淨了，一根一根的顯得十分高貴。

不管哪種型態，大多數的菇類都建議煮熟，不然存在一定的生物鹼，容易引起胃部不適或是過敏，也由於菇類本身就是眞菌，也會成爲其他細菌的營養來源，所以食用前一定要煮熟。

鴻喜菇的髮際線

很多少婦也常問一個問題，到底鴻喜菇要切掉多少才算乾淨？切多了就顯得不勤儉持家，切少了就會把木屑給吃下肚了！我們拿最常見的鴻喜菇包裝來說明，從保鮮袋拿出鴻喜菇後，可以看到底部有個像髮束一樣，從那個束起來的地方下手，就可以澈底的跟木質說再見了。

POINT

鴻喜菇　挑選原則

1. 菇傘保持不打開，雨傘打開就老了。
2. 表面不要出水稠稠狀。
3. 保鮮袋不要破損，容易滋生細菌。
4. 菇欉團結緊密，放久會越來越往外開展。

No.8 雪白菇

吃多了大魚大肉想贖罪一下？趕緊來點市場上在菇攤常見的「黑白雙雄」。黑菇指的是「鴻喜菇」，而白菇指的是「雪白菇」，也有些包裝寫白玉菇、美白菇等，讓人誤以為它們是不同的品種。這些其實都是同一種菇，只是外觀與培育方式不同，還有一種「長腳版」的「白精靈菇」，其實都是一家人！

★保鮮袋裝

★白精靈菇

⚠ 切除線

產季一年四季

雪白菇的人造身世

雪白菇來自眞菌界的玉蕈屬，原本野生的它，多生長在山毛櫸的枯木上，因此又名「棕毛櫸蘑菇」，也就是常見的棕色鴻喜菇。後來，日本人運用紫外線突變選育，成功培育出純白無瑕的雪白菇，不僅外觀更精緻，口感也更細嫩，成爲市場上的高人氣品種！

而在專門的菌菇種植工廠內，種植者調控溫度與二氧化碳濃度，促使其快速生長，結果菇柄變長、基部膨脹，就形成中空的「白精靈菇」，口感更加爽脆，成爲餐廳料理的熱門選擇。

雪白菇買回家怎麼處理

雪白菇料理前千萬不要下水洗，因爲雪白菇大都都是在室內大棚種植，並不會有細菌與灰塵的問題，甚至種植者比你更怕有細菌入侵，可能會導致整個大棚的菇遭受感染，所以只需要把蒂頭的木質部分切掉即可。

如果眞的不洗放心不下，那就在下鍋前再快速沖水甩乾，因爲碰水後的菌菇，非常容易滋生細菌，而且還會把表面的多醣體都洗掉呢！

雪白菇的保存方式

雪白菇通常都是保鮮袋包裝一袋袋販售，買回家之後整袋直接放到冰箱冷藏，料理前再拆包可以延長保存時間。如果外觀發現菇類有泛黃，尤其是純白色的菇傘很容易辨別，或是變得軟爛出水，黏黏稠稠還會牽絲的那種狀態，就不能食用了，千萬別因爲怕浪費而傷了身體。

POINT 雪白菇 挑選原則

1. 菇帽圓潤、表面光滑無裂痕。
2. 菇柄結實，且無變色或出水現象。
3. 整體呈現潔白的色澤，且無異味。

No.9

金針菇

「金針菇」古代稱為「金針」或「金菇」，有個好聽的學名叫「絨柄金錢菇」，但是我們現在賦予它一個更直覺的名字——「明天見」，英文直譯「See You Tomorrow」。

★保鮮袋完整

★切除線

⚠ 金滑菇≠金針菇

產季一年四季

金針菇吃的是一個寂寞嗎？

會叫明天見不是沒有原因的，因爲大部分的人今天吃金針菇，明天都能夠見到它完完整整的在馬桶裡。不免讓人懷疑，這到底是不是塑膠做的，營養到底有沒有吸收到。

金針菇含有豐富的蛋白質，維生素群，還有人體必要的胺基酸，人體腸道還是會聰明的不放過營養物質，唯一不好消化的是一種叫「幾丁質」的膳食纖維外殼。「幾丁質」在動物界呈現的方式像是烏賊的軟骨，或是螃蟹蝦子的外骨骼，你說該不該整組拉出來？

你吃的金針菇已經不是金針菇

除了怕吃了個寂寞外，現在市場上看到的金針菇，其實是一種新的品種，叫「銀針菇」。原本的金針菇會帶一點黃色，尤其是野生採摘的，頭跟尾部會更黃，黃得有點像金滑菇一樣。

但是後來選育出賣相更雪白的品種，而且週期更短，經濟價值超高，所以儼然變成市場主流，除了取代原本的市場之外，連名字都直接頂替了。就像宮廷劇中的新晉寵妃，憑藉著自身更雪白的外觀和更高的產量，完美的上演一齣逆襲當上皇后的大戲。

金針菇不要洗、不要洗、不要洗

金針菇大概是菇類裡最怕水的了，所以市場上幾乎都以抽眞空包的狀態銷售。金針菇大碰到水後就會開始咕溜咕溜，菇類咕溜一定沒好事，要盡量避免。

不用擔心灰塵還是農藥殘留的問題，因爲幾乎都全程在溫室內種植，生產者比你更擔心其他菌種入侵影響產能呢！

POINT

金針菇 kim-tsiam-koo 挑選原則

1. 外包袋完整，盡量不要失去真空狀態。
2. 菇帽越大越老，越老裂開越多。
3. 不能黏黏稠稠。

No.10

金滑菇

「金滑菇」常常被人誤認為是金針菇，或放太久變黃、變質了，有些外包裝會寫著「山茶茸」或是「華翠菇」。消費者難免自我懷疑，是不是「曼德拉效應」作祟了。其實統統都是跟金針菇同一屬，只是生產者刻意選育出不同差異的品種而已。

★溼溼黏黏的是多醣體

★切除線

產季一年四季

路邊的野菇不要採

銀針菇爸爸就跟野生金針菇產下了新品種，這個品種繼承了爸爸的細長身材，媽媽的黃色菌傘帽，同時像個超級賽亞人變身一樣，從腳金氣燦燦的衝到頭頂。

我喜歡這個身世，因爲金滑菇還有其他身世版本，有從日本長野來的原產品種，還有一派是阿里山的原生種之說。不管哪一派，都影響不了它逆天的營養，而且菇販年年外銷的這個私生子營收都破億呢！

到底多醣體有沒有金針菇的好幾倍

很多廠商都會寫說，新品種的金滑菇超營養，除了菇類有的胺基酸外，它的多醣體是金針菇的三倍。有沒有三倍我是不知道，但是它的多醣體的確是多到溢出來，摸它的菌傘都會滑溜滑溜的，不是壞掉稠稠，而是滿滿的多醣體，千萬別下水洗掉，當然也富含膳食纖維，不過纖維較短，一般會明天見，但是不會見到本人就是了！

風味與口感的新體驗

這麼多營養物質，氣味定然是比金針菇更重一些些，雖然有些人不太喜歡這個生菇味。不過，金滑菇經過刻意控制光線，長得更緩慢的同時，菇柄也長得更結實，所以咬起來，會有咔滋咔滋的脆口口感，滑順又不卡牙，口腔期的寶寶或是巨嬰們一定都喜歡，有看到的少婦們千萬別放過，只比金針菇多個三至五塊錢，眞超值啊！

POINT 金滑菇　挑選原則

1. 外包袋完整，減少接觸菇體。
2. 菇帽越大越老，越老裂開越多。
3. 菇傘黏黏稠稠，反光越多越好。

NO.11 黑木耳

為你介紹低調卻營養滿分的食材「黑木耳」，名字來自它的形狀，因為曲折的外觀像整個耳朵，又是從木頭長出來，所以稱為「木耳」。

★像極了耳內皺褶

★乾木耳

產季一年四季

素食者的超級食物

木耳跟香菇一樣都是眞菌，生長在潮溼的樹木上，是台灣飲食中常見的食用菌，也是長輩口中的食療聖品，還賜予「血管清道夫」的威名，只要健康檢查，或是抽血報告看到紅字，都會自主煮個三天黑木耳來吃。

黑木耳生鮮好，還是乾貨好

什麼時候該買「新鮮木耳」？喜歡吃木耳Q脆口感的，尤其是用來涼拌料理，或是料理準備時間很短的，沒時間去發泡，就要買新鮮木耳。

那什麼時候用「乾木耳」？乾木耳使用前都需要發泡，發泡後的木耳就能輕易地吸收湯汁，所以燉湯、煲湯、滷味料理就很適合，另外有囤貨症的少婦也可以購買，因爲乾木耳保存良好可以放上一年。

發泡黑木耳會中毒？

新聞曾報導「吃泡發乾木耳竟中毒亡」，嚇壞不少人，一度導致木耳滯銷。其實黑木耳本身沒毒，問題是乾木耳發泡太久，才導致細菌孳生。

所以關鍵在於發泡時間，乾木耳的發泡不超過四小時，夏天盡量在冰箱裡發泡，千萬別在室溫下放過夜了！如果是急著要用，可以加一點鹽巴發泡，一小時就可以泡軟了，或是用熱水來加速發泡，也可以達到快速軟化的效果。

POINT

木耳 bo̍k-ní　挑選原則

生鮮木耳

1. 色澤烏黑有光澤。
2. 摸起來厚實有彈性。
3. 聞起來沒有異味。

乾木耳

1. 完整無破損，大小均勻。
2. 顏色自然的深黑或棕黑。
3. 無霉味或刺鼻異味。
4. 泡發後保持Q彈，若變得軟爛或黏糊，建議丟棄。

NO.12 白木耳

傳說中的養顏聖品「白木耳」，也有人稱「銀耳」或是「雪耳」，一般呈現菊花狀，柔軟潔白，有一點半透明，又Q彈Q彈的，自古都是延年益壽的食補熱門食材。任何的料理中出現白木耳，都會覺得應該對身體很好。

★蒂頭通常已經切除

★乾的是黃色的

產季 5～10 月

「膠質滿滿」但沒膠原蛋白

幾乎所有的中醫師推薦的養生食材中，一定有白木耳，關鍵字包含養顏美容、滋潤養肺、顧腸胃、潤喉生津。很多廠商的行銷詞彙都會用「植物膠原蛋白」來宣傳。事實上白木耳跟黑木耳一樣，膠感來源來自「植物性多醣體」，主要成分是多醣體與水溶性膳食纖維，很多植物都會有這樣的膠感特性，像是蘆薈、海帶、愛玉等。

新鮮的好，還是乾貨好

生鮮白木耳一定是台灣生產的，但是菇攤未必每天都有貨，可以說是可遇不可求。好處是熬煮時出膠更為快速，也不用擔心乾燥時漂白或是農藥的疑慮，可惜單價並不便宜，保存期限也較短。所以市場上才有乾燥白木耳，讓保存期限可以延長。

不管是購買生鮮的白木耳，還是泡發乾貨的白木耳，都不要浸泡太久。不應該超過四小時，而且最好可以放在冰箱內，維持一定的低溫狀態。

老闆，你的木耳怎麼煮不出膠質？

你也煮過稀稀水水的銀耳羹嗎？關鍵在於比例，新鮮白木耳或泡發後的重量與水大約是一：三至一：五，意思是三百克（半斤）的白木耳，對水要一千到一千五百公升，才能夠煮出燕窩狀的膠感。

另外，至少要燉煮超過四十分鐘以上，多醣體才會釋放出來，大火煮滾後，轉中小火慢慢燉煮半小時。先用果汁機攪打，也可以增加出膠的速度喔！

POINT

白木耳 pe̍h-bo̍k-ní 挑選原則

生鮮白木耳

1. 色澤乳白、菌朵完整。
2. 摸起來有彈性但不發黏。
3. 變黃、發黏、有異味的不挑。

乾燥白木耳

1. 色澤自然、大小均勻、質地輕脆。
2. 顏色微黃，不要選太白或透明的。
3. 無霉味酸味或刺鼻異味。
4. 泡發後應膨脹度大且有彈性，若變得軟爛或黏糊，建議丟棄。

國家圖書館出版品預行編目 (CIP) 資料

菜市場的一年：100 種少婦好吃驚的蔬菜採買攻略 / 廖炯程著 .
-- 初版 . -- 新北市：晴好出版事業有限公司出版：
遠足文化事業股份有限公司發行 2025.05
248 面 ;17×23 公分

ISBN 978-626-7528-88-4(平裝)
1.CST: 蔬菜 2.CST: 市場 3.CST: 消費

481.51　　114004717

Lifestyle L
012

菜市場的一年
100 種少婦好吃驚的蔬菜採買攻略

作　　者｜廖炯程
台文審訂｜王桂蘭
責任編輯｜鍾宜君
封面、內文設計｜ Rika Su
內文排版｜陳姿仔
校　　對｜呂佳真

出　　版｜晴好出版事業有限公司
總 編 輯｜黃文慧
副總編輯｜鍾宜君
編　　輯｜胡雯琳
行銷企畫｜吳孟蓉
地　　址｜ 231 新北市新店區民權路 108 之 4 號 5 樓
網　　址｜ https://www.facebook.com/QinghaoBook
電子信箱｜ Qinghaobook@gmail.com
電　　話｜（02）2516-6892　　傳　　真｜（02）2516-6891
發　　行｜遠足文化事業股份有限公司 (讀書共和國出版集團)
地　　址｜ 231 新北市新店區民權路 108-2 號 9F
電　　話｜（02）2218-1417　傳真｜（02）22218-1142
電子信箱｜ service@bookrep.com.tw
郵政帳號｜ 19504465 （戶名：遠足文化事業股份有限公司）
客服電話｜ 0800-221-029　　團體訂購｜ 02-22181717 分機 1124
網　　址｜ www.bookrep.com.tw
法律顧問｜華洋法律事務所／蘇文生律師
印　　製｜凱林印刷
初版 3 刷｜ 2025 年 7 月
定　　價｜ 480 元
ISBN　｜ 978-626-7528-88-4
EISBN ｜ 978-626-7528-87-7 (PDF)
EISBN ｜ 978-626-7528-87-7 (EPUB)

版權所有，翻印必究
特別聲明：有關本書中的言論內容，不代表本公司／及出版集團之立場及意見，文責由作者自行承擔。

日本主婦の收納美學

善用收納工具，讓料理更順手

Yamazaki
日本山崎收納

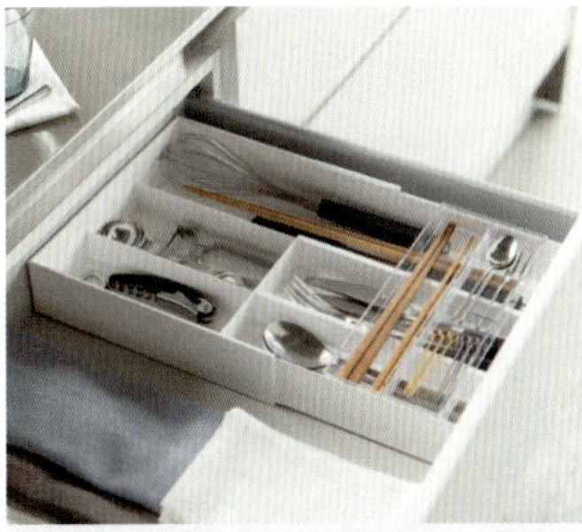

tower伸縮式收納盒

任意伸縮，完美配合抽屜大小，可伸縮寬度約25～45cm！分隔收納餐具、化妝品、文具等，上層移動式透明托盤讓你拿取不費力。

tower伸縮式微波爐架

廚房小電器收納救星！下方收納寬度可自行調整約44～71cm。收納微波爐、咖啡機...等，上層耐重約12kg，側邊有掛鉤可掛小物。

tower 旋轉收納盒-方形

360度旋轉設計，瓶罐好拿取更方便。邊緣加高設計，拿取物品不易翻倒。底部附止滑墊，旋轉取物時不易滑動。

tower折疊式瓦斯爐增高架

廚房多一個檯面，放上備料食材們更順手！不使用瓦斯爐時，也能放置廚房小家電！使用完畢可摺疊收納，輕鬆偷空間就靠它。

tower矽膠料理廚具

廚房不可或缺料理工具！料理筷夾、湯勺鍋鏟、刮刀與果醬匙準備齊全。不易刮傷鍋具，背面特殊支架設計，放置時不沾桌面更衛生！

tower伸縮式鍋蓋收納架

一次給你 9 個鍋蓋、平底鍋置物空間！特殊凹槽可固定鍋蓋不亂移。寬度自由伸縮，可拆式分隔架可自行調整完美間距。

日本百年收納品牌-日本山崎YAMAZAKI

實用與美感兼具的收納，輕鬆打造夢幻舒適的居家空間！
【加入日本山崎新會員領900元折價券】立即掃描 QRcode ▶▷

日本山崎生活美學Yamazaki

請認明台灣總代理：雅瑪莎琪國際貿易股份有限公司

#專利按壓 Pinch-loc™設計，一按就密封，非塑膠條封口，真正100%不塑

#食品級白金矽膠，經美國FDA、台灣SGS、德國LFGB檢驗，無毒好安心

#耐冷-40度，耐熱218度，冷凍、冷藏、微波或隔水加熱、舒肥料理都好用

#尺寸多元，碗形、站站、方形、長形、大長形等多種款式可挑選應用

#榮獲德國紅點設計獎，風靡全球不塑之客

1% FOR THE PLANET

reddot award 2016 winner

gia global innovation awards
honoring housewares product design excellence

Certified B Corporation